核桃优质丰产高效栽培与间作

主　编　高　山　张　锐　阿不都卡迪尔·艾海提
副主编　金　强　木塔力甫·艾海提　王新建　张锐利
参　编　曹　琦　高继华　罗立新　王德忠

吉林大学出版社

图书在版编目(CIP)数据

核桃优质丰产高效栽培与间作/高山，张锐，阿不都卡迪尔·艾海提主编. --长春:吉林大学出版社，2017.3(2024.8重印)

ISBN 978-7-5677-9764-2

Ⅰ.①核… Ⅱ.①高… ②张… ③阿… Ⅲ.①核桃—果树园艺 ②核桃—果园间作 Ⅳ. ①S664.1 ②S344.2

中国版本图书馆 CIP 数据核字(2017)第 114033 号

书　　名　核桃优质丰产高效栽培与间作
　　　　　HETAO YOUZHI FENGCHAN GAOXIAO ZAIPEI YU JIANZUO

作　　者　高山　张锐　阿不都卡迪尔·艾海提　主编
策划编辑　孟亚黎
责任编辑　孟亚黎
责任校对　樊俊恒
装帧设计　马静静
出版发行　吉林大学出版社
社　　址　长春市朝阳区明德路 501 号
邮政编码　130021
发行电话　0431—89580028/29/21
网　　址　http://www.jlup.com.cn
电子邮箱　jlup@mail.jlu.edu.cn
印　　刷　三河市天润建兴印务有限公司
开　　本　787×1092　1/16
印　　张　17
字　　数　220 千字
版　　次　2017 年 11 月　第 1 版
印　　次　2024 年 8 月　第 3 次
书　　号　ISBN 978-7-5677-9764-2
定　　价　59.50 元

前　言

核桃与榛子、扁桃、腰果并称为世界“四大干果”，享有“益智果”“长寿果”“养人之宝”的美称。核桃仁富含脂肪和蛋白质，还含有多种矿物质和8种人体必需的氨基酸，不仅具有很高的营养价值，而且味美，既可生食，也是制作糕点的原料。长期食用核桃有防止动脉硬化、抗衰老；健脑益智，改善儿童视力；美容润肤，强肾养发等多种医疗保健功效。

核桃是世界上重要的坚果树种之一，在我国的栽培面积和总产量均居世界首位。但是，与技术先进国家相比，我国的核桃生产仍存在良种化程度低、经营管理粗放、果品质量差、产量低且不稳定等问题，如我国结果树平均株产不到2kg，而美国高达30kg。因此，我国核桃栽培的品种布局、管理及经营模式等都有待于进一步提高。

我国人均占有土地资源少，人增地减趋势仍在继续。随着社会发展和人民生活水平的提高，对农产品的需求将不断增长，因此提高土地利用率，提高复种指数，一地多种、一地多收，发展间作、套作、连作、混作等多熟制是必行之路。多熟高效模式不仅挖掘了光、热、水、土地资源的生产潜力，还增强农业抗风险能力，最终达到增产增收。

核桃栽培管理技术的高低直接影响核桃园的经济效益。现代农业的大背景下，在果树的栽培管理生产中，已经不能仅关注果品的产量，更应注重果品的质量，才能满足市场需求，才能创造出高的经济效益，这就需要有现代的、先进的果树栽培和管理技术作后盾。同时随着国家现代新型农业产业体系的建设，越来越多的人加入现代农业的经营与管理的行列，尤其各地新建各种大型农业园区、核桃园区等的发展势头强劲，核桃的优质、高效、丰产栽培与管理技术是相关从业者必须掌握的关键技术。

全书共九章，对核桃栽培概况、核桃的主要种类和优良品种、核桃的生物学特性与环境因子、核桃育苗技术、核桃建园与栽植技术、核桃丰产管理技术、核桃主要病虫害防治技术、采后处理加工技术、核桃园间作技术等内容进行了详细的介绍，以便使核桃的种植及管理人员、相关技术服务人员能够全面、详尽地掌握核桃优质丰产的现代栽培技术。

由于时间仓促，作者水平有限，本书难免存在错误、疏漏之处，恳请广大读者批评指正，不吝赐教。

作　者

2016 年 11 月

目　　录

第一章　核桃栽培概况

第一节　核桃栽培的意义

（一）食用价值

核桃以其丰富的营养和独特的风味被列为世界“四大干果”（核桃、扁桃、腰果和榛子）之首。在各个核桃产区，当地群众总结出了许多风味独特的核桃食用方法，有带青皮烧吃、鲜核桃仁加蒜捣烂、凉拌鲜核桃、做饺子馅、烙馅饼、猪肉炖核桃仁等家常吃法，据统计大概有30余种吃法。

浙江的西施舌、酒酿三圆，河南的牛骨酥油茶，湖北的九黄饼，陕西商州的核桃饼、陇县的核桃油旋等都是久负盛名的以核桃为原料的风味小吃。其他以核桃仁做辅料的加工食品不胜枚举，如北京的核桃蘸、核桃薄脆，山西的咸甜核桃仁罐头，河北的琥珀核桃仁罐头，四川的玫瑰核桃仁，新疆的核桃仁糕等。

此外，核桃仁还是饮料的重要配料，而由其制造的核桃油又是高级食用油，并被广泛应用于工业生产中。

（二）营养价值

核桃种仁具有丰富的营养，每100g干核桃仁中水分含量为3～4g，脂肪含量为63.0g，蛋白质含量为15.4g，碳水化合物含量为10.7g，粗纤维含量为5.8g，磷含量为329mg，钙含量为

108mg，铁含量为3.5mg，胡萝卜素含量为0.17mg，硫胺素含量为0.32mg，核黄素含量为0.11mg，烟酸含量为1.0mg。核桃可加工成食用油，还可加工成各种食品和饮料，现普遍将其加工成核桃粉、核桃露等各种滋补品。

核桃仁中含多种人体必需的氨基酸。其中，钙、磷、铁、胡萝卜素、硫胺素、烟酸、核黄素均高于苹果、梨、山楂、柿等常见果品，其中，核桃仁中的碘含量较高，大约为14～33mg/kg，是儿童生长发育的重要元素。核桃仁中还含有维生素A、维生素B、维生素C和一些矿物质元素，这些成分都是人类生命活动所必需的。

（三）工业价值

核桃的含油量高达60％以上，是生物液体燃料的潜在树种。核桃木材质地坚硬，纹理细致，伸缩性小，抗冲击力强，不翘不裂，不受虫蛀，是航空、交通和军事工业的重要原料，也适宜制造高档用具。核桃的树皮、叶片和果实青皮（又叫青龙衣）含有大量的单宁，可提取鞣酸和栲胶。果壳可烧制成优质的活性炭，是国防工业制造防毒面具的优质材料。

（四）栽培价值

核桃是我国传统的出口商品，在国际市场上占有重要地位，目前核桃远不能满足国际市场之需。从长远看，发展核桃产业的前景比较广阔。

（五）药用价值

明代李时珍在其著作《本草纲目》中曾记载了核桃仁的功效，核桃仁能补气顺血，润燥化痰，滋肺润肠；对慢性气管炎、肾虚腰痛、肺虚咳嗽等症都有良好的疗效。

现代医学认为，核桃性温、味甘、无毒，有健胃、补血、润肺、养神等功效；对于心血管疾病、Ⅱ型糖尿病、癌症和神经系统疾病有一定康复治疗和预防效果。

(六)生态价值

核桃树根深叶茂,树冠大多呈丰圆形,具有较强的拦截烟尘、风沙和吸收二氧化碳的净化空气功效,是城市道路和厂矿区常用的绿化树种。

核桃树根系发达,分布深广,可以固结土壤,减少地表径流和土壤侵蚀,防止水土流失,是山区丘陵地良好的水土保护树种。

第二节　我国核桃栽培分布及生产概况

核桃(学名:*Juglans regia* L.),又称胡桃、羌桃、万岁子,胡桃科胡桃属落叶乔木,与扁桃、腰果、榛子并称为世界著名的"四大干果"。核桃原产于中亚、西亚,通过考古研究和化石分析发现,距今约有 6000 年的西安半坡村原始氏族遗址中有核桃花粉沉积;河北武安县磁山村曾出土了距今 7335 年左右(属新石器时代)的炭化核桃;在山东临朐县山旺村发现 2500 万年前(第三纪中新世)的核桃化石。这些都证明了我国不仅是世界核桃原产中心之一,而且具有悠久的栽培历史,并在多年演化过程中形成了十分丰富的种质资源。

一、我国核桃栽培分布

核桃喜光,耐寒,抗旱,抗病能力强,对环境条件要求不严,对水肥要求不高;对土壤适应能力强,肥沃和贫瘠的土壤上都能生长,故在我国分布十分广泛。从生态条件和现实情况看,我国核桃的自然分布和栽培有六个分布区:一区东部沿海、近海分布区;二区西北黄土区分布区;三区新疆分布区;四区华中、华南分布区;五区西南分布区;六区西藏分布区。一区至四区分布区的行政省、自治区、直辖市,有辽宁、河北、天津、北京、山东、山西、陕西、青海、甘肃、宁夏、新疆及河南、湖北、湖南和广西。栽培种是核桃。而五区、六区分布区(行政省、自治区和直辖市为四川、重庆、贵州、云南和西藏)的栽培种,四川、贵州和西藏都兼有核桃和铁核桃(主要是栽培型的泡核桃),而云南省则全是泡(铁)核桃。图1-1为中国的核桃分布示意图。

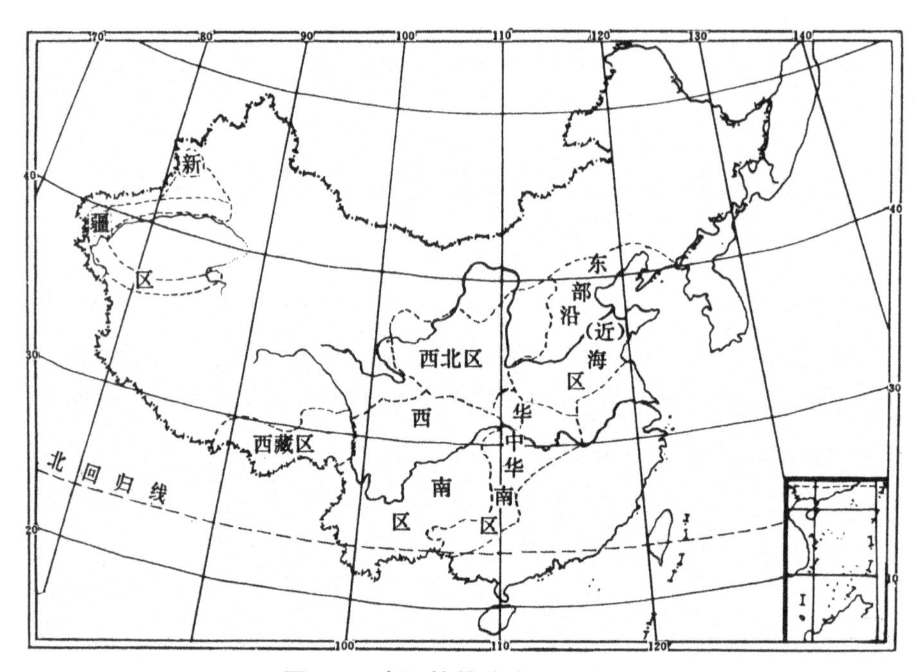

图1-1 中国核桃分布区示意图

二、核桃的生产概况

核桃适宜的温度范围为年均温9～15℃,日平均气温达9℃以上时开始萌动,14～15℃以上时进入花期。当冬季气温下降到零下25℃时,枝条发生冻害,但不致死亡,其最低临界温度是零下31℃。6月持续高温,核仁会变黑。夏季当温度升到38℃以上时,生长停止。如遇干旱则易发生日烧。采收期若温度高于32℃时会降低核仁质量。年降水量在500～700mm时,如雨量分布均匀,可以满足核桃年生长发育对水分的需要,否则须灌水,全年至少需灌 2～3 次。

核桃在我国 2000 多年的栽培历史进程中，由于分布广，地理条件和气候条件不同，加上人们长期的观察、选育，形成了极为丰富的种质资源，比如，隔年核桃、薄皮核桃、穗状核桃等。但由于过去大多采用种子繁殖，自然杂交后代变异大，栽培管理技术粗放，优势资源未被充分开发利用，核桃在产量和品质方面与核桃生产先进国家有较大差距。随着我国核桃生产形势的发展和科学技术水平的不断提高，核桃产量及品质都有了较大的提高，商品性状也有了较大改善。

核桃是我国传统栽培的重要经济林树种，产品除国内销售外，还是传统外销商品，在国际上享有盛誉。

第三节 核桃生产中存在的问题和发展趋势

一、核桃生产中存在的问题

我国很多省份凭借着得天独厚的条件，逐渐发展起以核桃为代表的果林经济。在生产方面，尽管近几年逐渐实施了以核桃嫁接苗建园和高接换优为主的改造工作，但是目前核桃产量主要来自那些实生繁殖的大树。这些实生树类型多样，结实能力、果实大小、坚果产量和品质等差异悬殊。面对我国核桃在国际市场竞争中的不利局面，有些问题确应引起业界同行们冷静思考，认真对待。

（一）面积大，单产低，管理粗放

目前，我国处于生产中的核桃有 100 多万公顷（约 1500 万亩），超过世界其他国家栽培面积的总和，居世界之首。株树约为 2 亿株，产量变化幅度大，品质差异大，市场竞争力差，平均单株产

量不足 2.5kg。面对这些不足，我国当前核桃栽培只有少数省区和部分主产区在管理方面予以额外注意，其他基本上属于粗放管理，放任其自由生长，且很少施肥灌水、整形修剪，树势衰弱，结果极少甚至无产量。

（二）建园栽植过密

核桃属于喜光植物，晚实核桃的树体高大，如果栽植过密则有可能导致其出现过早郁闭现象，从而对核桃园内的通风透光效果产生影响，降低核桃的产量。近几年来发展的核桃园多采用 3m×4m 标准，密度过大，此密度对一般早实核桃尚显过密，对晚实核桃品种更是难以想象。

通常，在确定核桃种植密度时，都是以品种、立地条件和管理水平为主要依据，合理的栽植密度可以取得较高的经济效益。一般来说，早实核桃结果早，树冠较小，其栽植株行距可采用 3m×5m 或 4m×6m；晚实核桃品种较晚，树冠较大，核桃的株行距可采用 4m×6m 或 5m×7m。

（三）栽培管理水平较低

核桃新品种的丰产性能较强，特别是早实品种，需要较好的立地条件和栽培管理水平。核桃新品种对核桃整形、修剪提出了新要求。不定干、不修剪的核桃园，树形紊乱，经济效益差。核桃的树形应根据品种干性强弱和栽植密度来决定。

（四）品种选择与配置不合理

核桃品种的评价通常是从丰产性能、坚果品质与抗逆性三个方面考虑的。采用优良的核桃品种能在降低管理成本的基础上，收获更多的优质坚果，达到最高的经济效益。各地可根据当地情况因地制宜进行引种，切不可盲目引种，以免造成不应有的损失。

（五）经营管理分散

我国核桃生产多以农户分散种植、自产自销的传统模式进行，抗风险能力、销售能力和市场竞争能力都比较低。

二、发展趋势

（一）栽培体制集中化

在各个核桃产区，果农通过组建合作社、公司＋农户、专业户承包土地等各种形式使土地集中管理，统一规划栽植、统一经营管理，以此来提高核桃园的经营效益。

（二）栽培条件严格化

良种、良法是科学栽培的必然要求。进入21世纪，我国开始大量栽培优良品种，核桃产业的发展呈现出一片生机勃勃的势头，但是也出现了一些不可忽视的问题，如品种混杂、草率建园等，因此，这里提出栽培条件严格化是非常重要的。同时，一些不适当地适栽的情况到处可见，如将核桃栽在山头上和风口处，适宜水地栽培的品种栽在干旱、半干旱丘陵区等。由于不能正确选择立地条件，致使不能适龄结果、晚霜危害严重，或品种优良特性得不到应有的表现，甚至出现小老树和早期死亡。因此郑重提出栽培条件要严格化。核桃虽是适应性较强的品种，但由于它是经济树种，有产品质量和经济效益的要求，要经济核算，因此，一定要坚持适地适树的原则，科学栽培。

（三）栽培管理标准化

我国核桃栽培的管理趋势是标准化。在过去的核桃种植过程中，由于管理方面采用粗放方式，科技培训较少，导致核桃商品率很低，经营效益滞后、低下，严重影响了农民发展核桃产业的积极性。

近年来，我国加强了标准化管理工作，先后颁布了若干个国家标准、行业标准和地方标准，这对发展我国核桃产业的发展十分有利。希望各地在技术培训时注重标准化工作的实施，这样可使全国的核桃技术指导有章可循，有利核桃产业健康有序的发展。

（四）栽培品种良种化

自20世纪50年代以来，我国核桃就开始实施大规模良种选育，经过大范围资源普查，长期多次选优与杂交，截至目前，我国通过省级以上科技部门鉴定和管理部门审定的核桃品种有60多个，20%约为晚实型品种，80%为早实型品种。

20世纪末，核桃的繁殖技术被攻克，核桃的无性繁殖后代出现，但因出现时间较晚，且数量较少，直到21世纪初才逐渐加快良种化的步伐。核桃品种经过从无到有，由少到多，由多到少的过程。目前我国大量栽培的品种为20多个。在一个地区主栽品种应当为6～8个。

栽培品种良种化是指在一定的立地和栽培条件下表现最佳的品种。良种具有较严格的地区性和时间性，如在平川栽培是优良品种，而在山区就不一定是良种，相反适宜山区栽培的良种在平川不一定是良种；早期选育的品种到现在不一定是良种，有许多品种已经被淘汰。各地应根据当地的条件选择不同类型条件下栽培的优良品种。同时要考虑到早、中、晚熟品种的搭配，便于采后工作的安排。

（五）销售标准国际化

核桃商品走国际化的道路是销售的总趋势，自我国加入世界贸易组织（WTO）以来，核桃作为商品，对其生产过程和标准等方面都提出了较高的要求。过去几十年里，我国核桃一直都是作为出口创汇商品，近年来，由于国内需求的持续增加，出口数量开始有所下降。

随着国内核桃产业的不断发展，其产量和品质都得到了不断提高。产量的提高必定要求其遵守更加严格的质量标准，而质量标准的提高则是建立在核桃园标准化管理基础之上的。因此说，实现销售核桃标准化不是一件简单的事情，要求各地应当高度重视集团化大规模生产与传统的小农经济具有本质的区别，真正做到科学安排，统筹管理。

第二章　核桃的主要种类和优良品种

第一节　核桃的主要种类

一、胡桃属

(一)普通核桃

又称胡桃、羌桃、万岁子。世界各国核桃的绝大多数栽培品种均属本种。是国内外栽培最广泛的一种,我国栽培的多为此种。

普通核桃一般树高 10～20m,为高大落叶乔木,树冠大,寿命长;树干皮灰色,幼树平滑,老树有纵裂。1 年生枝呈绿褐色,无毛,具光泽,髓大;奇数羽状复叶,互生,小叶 5～9 枚,少数 11 枚,对生,全缘或近全缘;花为单性花,雌雄同株异花、异熟;雄花序为柔荑状下垂,长 8～12cm,每序有小花 100 朵以上,每小花有雄蕊 15～20 枚,花药黄色;雌花序顶生,雌花单生、双生或群生,子房下位,1 室,柱头浅绿色或粉红色,2 裂,偶有 3～4 裂,盛花期呈羽状反曲。果实为坚果(假核果),圆形或长圆形(椭圆形),果皮肉质,幼时有黄褐色茸毛,成熟时无毛,绿色,具稀密不等的黄白色斑点,成熟时青皮开裂;坚果多圆形,表面具刻沟或光滑。种仁呈脑状,被浅黄色或黄褐色种皮,主要供食用或榨油。

（二）漾濞核桃

又称泡核桃、茶核桃、深纹核桃、铁核桃。漾濞核桃在西南各地均有分布，为我国第二大主栽种。主要分布在云南、四川、贵州等地，集中分布在澜沧江、怒江、雅鲁藏布江和金沙江流域海拔600～2700m地区。在西南地区一般将漾濞核桃分为泡核桃（出仁率48％以上）、夹绵核桃（出仁率30％～47.9％）和铁核桃（出仁率30％以下）三个类型。目前栽培面积最大的是泡核桃，其次是夹绵核桃，铁核桃一般处于野生半野生状态，常用作砧木，有的可作文玩核桃。

落叶乔木，树皮灰色，老树暗褐色具浅纵裂；一年生枝青灰色，具白色皮孔。奇数羽状复叶，小叶9～13枚；雌雄同株异花，雄花序粗壮，柔荑状下垂，长5～25cm，每小花有雄蕊25枚。雌花序顶生，雌花2～3枚，稀1或4枚，偶见穗状结果，柱头2裂，初时呈粉红色，后变为浅绿色。果实倒卵圆形或近球形，黄绿色，表面幼时有黄褐色绒毛，成熟时无毛；坚果倒卵形，两侧稍扁，表面具深刻点状沟纹。内种皮极薄，呈浅棕色。喜湿热气候，不耐干冷，抗寒力弱。

（三）核桃楸

又称胡桃楸、山核桃、东北核桃、楸子。原产于我国东北，以鸭绿江沿岸分布最多，河北、河南也有分布。

核桃楸为落叶高大乔木，高达20m以上；树皮灰色或暗灰色，幼龄树光滑，成年后浅纵裂。小枝灰色，粗壮，有腺毛，皮孔白色隆起。奇数羽状复叶，小叶9～17枚；雄花序柔荑状，长9～27cm；雌花序具雌花5～10朵；果序通常4～7果；果实卵形或椭圆形，先端尖；坚果长圆形，先端锐尖，表面有6～8条棱脊和不规则深刻沟，壳及内隔壁坚厚，不易开裂，内种皮暗黄色，很薄。有的可作文玩核桃。抗寒性强，生长迅速，可作核桃品种的砧木。

（四）河北核桃

又称麻核桃，文玩核桃。系普通核桃与核桃楸的天然杂交种。在河北、北京和辽宁等地有零星分布。

河北核桃为落叶乔木，树皮灰白色，幼时光滑，老时纵裂。嫩枝密被短柔毛，后脱落近无毛。果实近球形，顶端有尖；坚果近球形，顶端具尖，刻沟、刻点深，有 6～8 条不明显的纵棱脊，缝合线凸出；壳厚不易开裂，内隔壁发达，骨质，取仁极难，适于作工艺品。文玩核桃的上品多出自此种。抗病性及耐寒力均很强。

河北核桃因原产于河北而得名。具有观赏性和艺术价值。坚果硬壳发达而坚硬，纹理起伏大而变化丰富，非常美观大方，可作为工艺品摆放在装饰架上或展品橱中欣赏，也可作为健身器材；手握一对玩耍（揉手）以舒筋活血，非常适合雕刻，堪称艺术核桃。极具观赏、健身及收藏价值，坚果皮厚质坚，纹理粗犷，起伏大，非常适合雕刻。

（五）黑核桃

也称美国东部黑核桃，原产北美洲，是珍贵的木材树种。木材结构紧密，力学强度高，纹理细腻，色泽高雅，是优质材用树种，尤宜作胶合板材，广泛用于家具装饰业。东部黑核桃树体高大，根深叶茂，抗逆性强，也是理想的农用防护林和城市绿化树种。现在北京、山西、河南、江苏、辽宁等省、直辖市均有引种。

高大落叶乔木，树高可达 30m 以上；树皮暗褐色或棕色，沟纹状深纵裂。小枝灰褐色或暗灰色，具短柔毛。奇数羽状复叶，小叶 15～23 枚；雄性柔荑花序，长 5～12cm，雄花具雄蕊 20～30 枚；雌花序穗状簇生小花 2～5 朵；果实圆球形，浅绿色，表面有小突起，被柔毛。坚果圆形或扁圆形，先端微尖，壳面具不规则的纵向纹状深刻沟，坚厚，难开裂。

黑核桃兼收坚果和木材，而且木材的品质好，尤其是大径优质材，可作胶合板材，价值很高。但这是一项长期投资项目，要在 60 年以上才能培育出这样的优质树（干高在 6m 左右，生长速度中等而且比较一致，故纹理美观，无节疤，通直，色泽好）。东部黑核桃仁的加工产品价格高于普通核桃仁，但因坚果出仁率低，经济效益较差，目前作为果用或果材兼用尚缺少理想品种。

黑核桃也可作为核桃的优良砧木，目前正在试验之中，初步认为黑核桃与核桃的嫁接亲和力强，成活率高。

（六）野核桃

又称华核桃、山核桃。分布于甘肃、陕西、江苏、安徽、湖北、湖南、广西、四川、贵州、云南、台湾等地。

野核桃为乔木或灌木，树高通常 5～20m 以上。小枝灰绿色，被腺毛。小叶 9～17 枚；雄花序长 18～25cm；雌花序直立，串状着雌花 6～10 朵；果实卵圆形，先端急尖，表面黄绿色，密被腺毛；坚果卵状或阔卵状，顶端尖，壳坚厚，具 6～8 条棱脊，棱脊间有不规则排列的刺状凸起和凹陷，内隔壁骨质，仁小，内种皮黄褐色，极薄。可作核桃品种的砧木。

（七）吉宝核桃

又称鬼核桃、日本核桃，原产日本，20 世纪 30 年代引入我国，现在辽宁、吉林、山东、山西等省有少量种植。

落叶乔木，高达 20～25m；树皮灰褐色或暗灰色，成年时浅纵裂。果实长圆形，先端突尖；坚果有 8 条明显的棱脊，棱脊间有刻点，缝合线突出，壳坚厚，内隔骨质，取仁困难。

（八）心形核桃

又称姬核桃，原产日本，20 世纪 30 年代引入我国，现在辽宁、吉林、山东、山西、内蒙古等省（区）有少量栽培。

本种形态与吉宝核桃相似，其主要区别在果实。心形核桃果实为扁心脏形，个较小；坚果扁心脏形，壳面光滑，先端突尖，非缝合线两侧较宽，缝合线两侧较窄，其宽度约为非缝合线两侧的 1/2。非缝合线两侧的中间各有一条纵凹沟。坚果壳厚，无内隔壁，缝合线处易开裂，可取整仁，出仁率30%～36%。

二、山核桃属

山核桃属有18个种3个变种，是世界性干果。价值较高、实行人工栽培的仅有中国山核桃和原产于北美的长山核桃（又称薄壳山核桃）。

（一）山核桃

别名山核，山蟹，小核桃。为中国特产，主产于浙、皖交界以浙江临安昌化镇为中心的天目山区，其中临安、宁国、淳安三县市为中心产区。

山核桃为重要干果和木本油料树种，其坚果千粒重3040～4425g，出仁率43.7%～54.3%，干仁含油率69.80%～74.01%，为含油率最高的树种之一。山核桃油味清香，颜色淡黄似芝麻油，其脂肪酸组成以油酸、亚油酸等不饱和脂肪酸为主，不饱和脂肪酸含量占88.38%～95.78%，超过油茶、油橄榄等，是易消化和防治高血脂、冠心病的优良食用油。其果肉含有9%左右的蛋白质，17种氨基酸，20种矿物元素，特别是钙、镁、钾含量为干果之首。山核桃果肉香脆可口，加工产品有椒盐、奶油、五香等，其仁可制各种糖果糕点，山核桃榨油后的油饼，可作肥料及猪饲料，外果皮可烧灰制碱，为化工医药和轻工业原料。山核桃树型优美，木材坚硬，既是重要经济树种，又是优良用材树种，特别适宜在石灰土上生长，是重要的生态经济树种。

现有山核桃林大多数是由野生苗（树）就地抚育而成，实生苗造林要7年以上才能结果，进入盛果期要18年以后；山核桃树干高耸，产量低而且采收不便；山核桃优良品种类型和单株选择由于无性繁殖不过关，难以推广。

（二）长山核桃

别名美国山核桃，培甘，薄壳山核桃。原产于美国，是当地重要干果。我国云南、浙江等地有引种栽培。

长山核桃为落叶乔木，在原产地最大的树高达 55m，胸径 250cm。10 年生以上树体老皮呈灰色，纵裂后片状剥落。果长圆形，长 3.5～8cm，具纵棱脊，外被黄色或灰黄色腺鳞，果实成熟时，坚果外的青果皮呈有规则的四瓣裂开；坚果长圆形或长椭圆形，长 2.5～6cm，光滑，浅褐色，具暗褐色斑痕和条纹，壳较薄；仁味美，有香气，品质极佳。

第二节　核桃品种分类

一、根据核桃结果早晚的性状分类

（一）早实核桃

播种后 2～3 年生、嫁接后 1～2 年能开始结实的品种或优株属于早实核桃类群。本类群树体较小，常有二次生长和二次开花结果现象，发枝力强，侧生混合花芽和结果枝率高。

（二）晚实核桃

用种子播种 6～10 年生或嫁接后 3～5 年开始结实的品种或优株属于晚实核桃类群。主要生长和结果特点是树体高大、无二次开花现象、发枝力弱、侧生结果枝率低。

二、根据核壳的厚薄分类

（一）纸皮核桃品种群

壳极薄，厚度在 1mm 以下，内隔壁退化，可取整仁，出仁率在 65％以上，属最优品种群。

（二）薄壳核桃品种群

壳薄，厚度为1.1～1.5mm，内隔壁膜质或退化，可取半仁或整仁，出仁率50.1%～64.9%，属优良品种群。

（三）中壳核桃品种群

壳皮较厚，厚度为1.6～2.0mm，内隔壁革质或膜质，取仁较难，可取1/4或半仁，出仁率40.1%～49.9%，属一般品种。

（四）厚壳核桃品种群

壳最厚，厚度在2.1mm以上，内隔壁发达，骨质或革质，只能取碎仁，出仁率在40%以下，属最差品种。

第三节　核桃优良品种及优良品系

一、密植集约栽培类

（一）温185

该品种1989年定名。主要在新疆阿克苏、喀什等地栽培，现已在河南、陕西、山东和辽宁等地栽培。

树势较强，树姿较开张。枝条粗壮，发枝力极强，有二次枝。雌先型，早熟品种。侧生混合芽率为100%，每果枝平均坐果1.71个。坚果圆形或长圆形，果基圆，果顶渐尖。三径平均为3.4cm，平均单果重15.8g。壳面光滑，缝合线平或微凸起，结合紧密，壳厚约0.8mm。内褶壁退化，横膈膜膜质，易取整仁。出仁率为65.9%，核仁充实饱满，乳黄色，味香。

该品种抗逆性强，早期丰产性极强，坚果品质极优，对肥水条件要求较高，适宜密植栽培。适宜在我国北方平原或丘陵区土肥水条件较好的地块栽培。

（二）新早丰

由新疆林业科学研究所从新疆温宿县核桃实生株选出，1989年定名。坚果椭圆形，果基圆，果顶渐尖。纵径4.1cm，横径3.5cm，侧径3.5cm，平均单果重13.1g，壳面光滑，色浅；缝合线平，结合紧密，壳厚1.23mm，可取仁1/2，出仁率51.0%；核仁饱满色浅、味香。树势中等，树姿开张，枝条粗壮，混合芽圆形，饱满肥大，具芽座，发枝力极强，侧生混合芽比率95%以上。雄先型。树势中庸，嫁接苗第二年开始结果，早期丰产性好，该品种较抗寒、耐旱，抗病性强，宜在肥水条件较好的地区栽培。

（三）新新2号

新疆林业科学院选育，早实丰产型。现为阿克苏地区密植园栽培的主栽品种。于1979年从新和县依西里克乡吾宗卡其村菜田中选出，经大树高接测定，基本保持母树特性，1990年定名为新新2号品种。

果实9月上中旬成熟，长圆形，果基圆，果顶稍小、平或稍圆，纵径4.4cm，平均单果重11.63g，壳面光滑，浅黄褐色，缝合线窄而平，结合紧密，壳厚1.2cm，横膈膜中等，易取整仁，果仁饱满，色浅，味香，仁重6.2g，出仁率53.2%，脂肪率65.3%，盛果期$1m^2$树冠投影面积产果仁324.3g。

本品种长势中等，树冠较紧凑，适应性强，较耐干旱，抗病力强，早期丰产性强，盛果期产量上等，宜带壳销售，适于密植集约栽培。

二、农林间作类

（一）扎343

该品种1989年定名。主要栽培于新疆阿克苏、北京、陕西、山西、河南、辽宁等地。

坚果卵圆形，果基圆，果顶小而圆。纵径 4.6cm，横径 3.6cm，侧径 3.8cm，平均 4.0cm，坚果重 16.4g。壳面光滑，色浅；缝合线窄而平，结合较紧密，壳厚 1.16mm。内褶壁和横膈膜膜质，易取整仁。核仁重 8.9g，出仁率 54.0%。味香。

树势强，树姿开张。发枝力强，结果母枝平均发枝 2.5 个；果枝率 93.0%。1 年生枝条呈黄绿色，枝条较细，混合芽充实饱满，复叶有 3～7 片小叶。实生树 2～3 年生或嫁接后 2 年出现雌花。每雌花序着生 1～3 朵雌花，其中 2 花和 3 花占 50.0%左右。雄先型。4 月中下旬雄花散粉，5 月上旬雌花盛期。常有二次雄花和雌雄同序。9 月上旬坚果成熟，11 月上旬落叶。产量高，稳产。耐干旱，抗病性强。

该品种树势强，树姿开张，适应性强，产量高而稳。坚果外观美观，适宜带壳销售。雄花先开，花粉量大，花期长，是雌先型品种理想的授粉品种。

（二）新温 179 号

由张树信等于 1983 年从新疆温宿县木本粮油林场扎 63 号核桃实生后代中选出。1990 年定名。原代号为 OB179 号。主要栽培于新疆阿克苏、喀什等地。

坚果圆形，果基圆，果顶圆。纵径 4.5cm，横径 3.8cm，侧径 4.1cm，平均 4.1cm，坚果重 15.9g。壳面光滑，色浅，缝合线平，结合较紧密，壳厚 0.86mm。内褶壁退化，横膈膜膜质，易取整仁。核仁重 9.8g，出仁率 61.4%。核仁充实，饱满，色浅，味香。

树势较强，树姿开张，发枝力强（1∶3），果枝率 93.2%。1 年生枝条灰绿色，枝条粗壮。短果枝占 50%，中果枝占 46.4%，长果枝占 3.6%，有二次枝生长。混合芽大而饱满，圆形，无芽座；复叶有 3～9 片小叶，间有畸形单叶，顶叶大而肥厚，深绿色。砧苗嫁接后 2 年开花，每雌花序着生 1～3 朵雌花，单果占 27.3%，双果占 67.3%，3 果占 5.4%，每果枝平均着果 1.78 个，属雌先型。

雌花期4月中旬至5月初，雌花比雄花散粉期早8～10d。9月中旬坚果成熟，11月上旬落叶。

该优系树势强，树姿开张，适应性和抗逆性强，早期丰产性强，产量高，坚果光滑美观，品质特优，宜带壳销售。

三、育种材料类

（一）新巨丰

由张树信等人于1983年，从新疆温宿县木本粮油林场和春4号实生后代中选出。1989年定名。

树势强，树姿开张，发枝力强，为1∶3.7；果枝率为81.1%。一年生枝条绿褐色，枝条粗壮。短果枝占16.3%，中果枝占56.1%，长果枝占27.6%。混合芽大而饱满，复叶有3～9片小叶。砧苗嫁接后2年开始开花，雌花序可着生1～3朵雌花。其中单果占52.9%，双果占35.3%，三果占11.8%，少有4果。果枝平均着果1.8个，属雌先型。雌花期为4月下旬至5月上旬，比雄花散粉期早8～10d。于9月下旬坚果成熟，11月上旬落叶。较耐干旱和盐碱，抗病，抗寒。坚果大，椭圆形，果基圆，果顶圆稍细，微尖。纵径为7cm，横径为4.6cm，侧径为4.9cm，平均为5.5cm。坚果重29.2g。壳面较光滑，色较浅。缝合线微隆起，结合紧密，壳厚1.38mm。内褶壁革质，横膈膜革质，易取整仁。出仁率为48.5%，核仁重14.15g。核仁色较深，味香甜，但核仁基部不甚饱满。

该品种树势强，抗逆性强，产量高，坚果特大，但核仁基部不饱满；充实度稍差。适宜在水肥较好的立地条件栽培。

（二）新温81号

由张树信等于1983年从新疆温宿县木本粮油林场核桃实生园“扎465号”子一代植株中选育而成，原代号为“OB81”，1990年定名。主要在新疆阿克苏、喀什等地区栽培。

坚果椭圆形，果顶、果基圆，果尖稍凸。纵径约为4.1cm，横径约为3.1cm，侧径约为3.2cm，平均单果重10.93g。壳面较光滑，色浅。缝合线紧密，壳厚0.86mm，内褶壁退化，横膈膜膜质，易取整仁。果仁充实饱满，色浅，味浓香，核仁重约6.7g，出仁率为61.4%，脂肪含量为67.4%。早实丰产性明显，盛果期产量中等，冠影每平方米产果仁约209g，大小年不明显。

树势强，生长旺盛，树姿开张，每母枝平均抽枝3.4个，果枝率为91.2%，具二次生长枝，嫁接后翌年即可开花。雌花序具1～4朵雌花，单花枝率为33.8%，双花枝率为50.7%，三花枝率为9.9%，四花枝率为5.6%，果枝平均坐果1.7个，花期为4月中旬至5月上旬，雌花先开4～5d，8月上中旬坚果成熟，11月上旬落叶。较耐干旱，在栽培条件较差的地区也能丰产。

当年生枝绿褐色，较粗壮，短果枝占82.6%，中果枝占15.9%，长果枝占1.5%，混合芽大而饱满，馒头形，无芽座。复叶3～7片，具畸形单叶，叶片小，深绿色。

该品种长势强，树姿开张，适应性强，早期丰产性强，盛果期产量中等，坚果小，品质特优，宜带壳销售生食或带壳加工，适宜在栽培条件较好地区集约栽培。

第四节　核桃引种与选种技术

一、选择良种的标准

（一）充分考虑良种的生态适应性

品种的生态适应性是指经过引种驯化栽培后，品种完全适应当地气候环境，园艺性状和经济特性等符合当地推广要求。因此，选择品种时一定要选择经过省级以上鉴定的，且在本地引种试验中表现良好，适宜在本地推广的品种。确定品种前，应该先咨询专家，查阅引种报告，实地考察当地品种示范园。如以上信息均没有，也可以先少量引种栽植观察该品种是否适宜本地栽培，切勿盲目大量栽植。一般来讲，北方品种引种到南方能正常生长，南方品种引种到北方则需要慎重，必须经过严格的区域试验。

（二）适地选择主栽品种

选择品种一定要根据当地的土壤、气候、灌溉等条件并结合品种特性来决定主栽品种。选择主栽品种时一定要注意适地原则。

（三）选择适宜的授粉品种

每个核桃园都应该根据各个品种的主要特性、当地的立地条件和管理水平，选择1～2个主栽品种。品种不宜过多，以免管理不便，增加生产成本。核桃系风媒花。花粉传播的距离与风速、地势有关，在一定距离内，花粉的散布量随风速增加而加大，但随距离的增加而减少。一定要选择1～2个花期一致的授粉品种，按(5～8)∶1的比例，呈带状或交叉状种植。

二、核桃新品种选育基础

新品种选育的本质活动是变异选择。选择是植物进化、育种及良种繁育工作的基本途径之一。选择虽不能创造变异，但它并不是单纯地起着筛选的作用，而是通过不断选择，将微小的不定变异加以积累和巩固，成为明显的遗传性状，最终创造出新品种，这就是选择的创造性作用。

在自然界通过自然选择和进化，形成相对稳定的物种，但是同一种的不同个体，由于所处的生存条件不同，或受天然杂交，或受高能辐射等内部和外在条件的影响，在形态上、生理上会出现各种表现性状的差异。根据生物进化双向选择原理，人们有目的地利用这些自然界中产生的变异，选择出对人类生活有益的单株进行纯化，再通过无性繁殖的方法扩大它的群体，以达到提高产量，改善品质，增加经济效益的目的。这个过程就是新品种选育。

在核桃新品种选育工作中，人们主要是利用果实变异、结果习性变异和抗性变异。新疆维吾尔自治区温宿县木本粮油林场选育出的新早丰、新翠丰、温 185 新品种就是利用了核桃结果习性的变异。新新 2 号、82 号则是利用了核桃的果实变异。

三、核桃新品种选育的工作程序

从核桃选株开始到新品种育成、推广，须经过以下一系列试验、审定过程。

（一）依据实生核桃树结果习性和果实性状选树

在核桃生产园中根据育种目标和选株标准在实生树种选择优良单株（果实性状）。当选单株应分别采收并编号。选择时，将入选核桃单株和邻近核桃单株进行生长势，结果习性和果实形状比较、观察、鉴定。

（二）株行试验

把上年当选的单株上采集的核桃种子一株一行播种，每隔一定行数种一行父母本种作为对照。在各个生育时期进行观察鉴定，严格选优，这是选择育种的关键。最后可保留几个、十几个，最多几十个优良株行，其余淘汰。入选的株行各成一个品系，于下年参加品种比较试验，个别表现优异但尚有分离的株行可继续选株，下年仍参加株行试验。

（三）品系比较试验

决定品种的取舍和利用价值的试验是品系比较试验，所以试验要求精确、全面、细致、可靠。试验条件应接近栽培生产条件，保证试验的代表性。品系比较试验需要进行两年。此期间要严格地进行观察记载（观察内容和方法见“选树”部分），根据育种目标的规定，综合评价每个材料的优缺点，最后挑选1～2个符合育种目标要求，并超过对照品种的最优良的核桃品系参加区域试验。

（四）区域试验与生产试验

在不同的自然区域进行区域试验，测定新品种的利用价值、适应性和适宜推广地区。并在接近栽培生产条件的较大面积圃地进行生产试验，对新品种进行更客观的鉴定。

一个品种参加区域试验的年限一般为2～3年。在区域试验的同时，根据需要可进行生产试验和栽培试验。如有特殊需要，也可进行多点试验和生态试验。

（五）品种审定与推广

在比较试验、区域试验和生产试验中表现优异，品质和抗性等符合推广条件的新品种，可组织有关部门对其进行品种审定，审定合格后定名推广。

对表现优异的品系，从品系比较试验阶段开始，就应加速繁殖种子，以便能及时大面积推广。

四、核桃良种选育成果的利用

（一）建立采穗圃

在利用优树资源建立采穗圃时，由于受繁殖材料的限制，一般可采用新建采穗圃和利用实生核桃园改建采穗圃2种办法。株行距，2m×3m的密度最好，树高控制在3m以下。

（二）规模化育苗，建立优质核桃生产园

利用采穗圃优势，采用无性繁殖的技术（嫁接技术）规模化生

产优质纯种的核桃苗，挑选合适的授粉树，定植建立优质核桃生产园。

（三）示范推广

以优质核桃生产园的经济效益为示范，借助技术推广部门，核桃协会等组织向适栽区推广，逐渐扩大种植面积。

五、核桃优树的标准

核桃优树主要通过以下几个指标来综合评价。

1.丰产性指标

一个结果母枝可抽生两个以上结果枝；侧芽结果枝率占50%以上；立体结果；每果序坐果率80%～90%；大小年不明显，连续3年产量之差不大于30%。

2.品质指标

薄壳，核桃壳厚度在1.2mm以下，取仁容易，能取整仁或半仁，出仁率50%以上；核仁饱满，色浅，味香甜。

3.结果习性指标

播种后2～3年开始结果，8～10年进入盛果期，比一般核桃要早熟。

4.抗性指标

抗寒性，1个月持续低温－20℃时有轻微冻害发生。耐盐碱能力，土壤总盐含量0.34%的水平下，幼树成活率可达75%以上。抗病性，对黑斑病和炭疽病的抗性表现是在相同生产环境下，染病率较常见种低30%以上。

第三章 核桃的生物学特性与环境因子

第一节 核桃生长习性

一、核桃根系的生长习性

核桃根系发达，属于深根性树种。通常来说，核桃树的主根较深，侧根伸展范围比较广，且须根具有细长而密集的特点。在土层深厚的土壤中，成年核桃树主根深入土壤的深度可达6米多，而其根群则主要集中于20～60cm的土层中，这些根群占到了总根系80%以上的比例；核桃的侧根长度约为5～8m，最长超过14m。核桃的侧根主要以树干为中心，其生长半径在4m的范围内。

核桃1～2年实生苗的主根生长速度高于地上部。3年生长以后，侧根生长加快，数量增加。随树龄增加，水平根扩展加速，营养积累增加，地上枝干生长速度超过根系生长。根系开始活动期与芽的萌动期相同，4月中下旬出现新根。一年中有3次生长高峰。第一次在萌芽前至雌花盛花期，第二次在6—7月，第三次在落叶前后，11月下旬停止生长。

核桃根系生长状况与立地条件，尤其是土层厚度、砾石含量、地下水位状态等有密切关系。土壤条件和土壤环境较好的地块，根系分布深而广。土层瘠薄、干旱或地下水位较高时，根系垂直

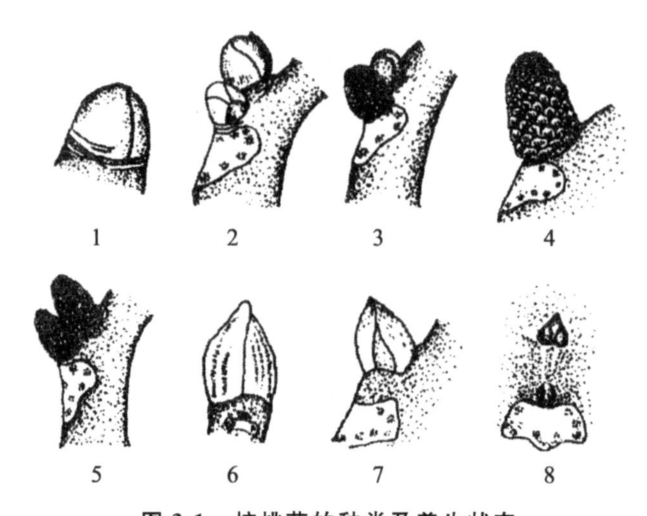

图 3-1　核桃芽的种类及着生状态

1—单生雌花芽；2—叠生雌花芽；3—1 雌 1 雄花芽；4—雄花芽；
5—叠生雄花芽；6—顶叶芽；7—腋叶芽；8—潜伏芽

（2）叶芽

叶芽又称营养芽，呈宽三角形，有棱，一般每芽有 5 对鳞片，在 1 条枝上以春梢中上部，芽较为饱满；侧生叶芽芽体较小，呈圆球形或扁圆形（铁核桃）。叶芽萌发后只抽生枝和叶，主要着生在营养枝顶端及叶腋间，或结果枝混合芽以下，单生或与雄花芽叠生。早实核桃中叶芽较少。

（3）雄花芽

萌发后形成雄花序，多着生在 1 年生枝条的中下部，数量不等，单生或叠生，为圆锥形裸芽。

核桃雄花芽着生数量与类群或品种特性、树龄、树势等有关，老树、弱树、结果小的树上雄花芽量大。雄花芽过多，消耗大量养分水分，影响树势和产量，应加以控制。

（4）潜伏芽

潜伏芽也叫休眠芽，位于枝条下部和基部，在正常情况下不萌发。随着枝条的停止生长和枝龄的增加及加粗生长，芽体脱落而芽原基埋伏于树皮内。其寿命可达数十年或百年以上，核桃树的树冠在生命周期中可多次更新。

四、核桃叶的生长习性

核桃叶片为奇数羽状复叶，其数量对枝条和果实的生长发育有很大的影响。小叶的普通核桃一般为5～9片。着生双果的结果枝，需要有5～6片以上的正常复叶才能维持枝条、果实及花芽的正常发育和连续结果能力。低于4片复叶的，不利于混合芽的分化和形成，且果实发育不良。在混合芽或叶芽萌动后，可见到着生灰色茸毛的复叶原始体。经5d左右，随着新枝的出现和生长，复叶逐渐展开；10～15d后，复叶大部分展开，由下向上迅速生长；40d左右，随着新梢形成和封顶，复叶长大成形；10月底温度降低，叶片变黄脱落，进入休眠。

第二节 核桃开花习性

一、核桃花芽分化期

核桃由营养生长向生殖生长转变是一个复杂的生物学过程，花芽与叶芽来源于相同的芽内生长点；在芽的发育过程中，由于各种内源激素含量及其之间的平衡变化和储藏营养物质水平的不同，一些芽原基向雄花芽和混合芽方向分化，花芽分化是开花和结果的基础。

（一）雄花的分化

核桃雄花分化是随着当年新梢的生长和叶片展开，在4月下旬至5月上旬在叶腋间形成。6月上中旬继续生长，形成苞片和花被原始体，可以明显看到有许多小花的雄花芽，6月中旬至第二年3月为休眠期，4月继续发育生长并生长为柔荑花序，每朵小花有雄蕊3～20枚，苞片3个，花被4～5个。散粉前10～14d形成花粉粒，雄花芽的分化时间较长，一般从开始分化至雄花开放约需12个月。

（二）雌花的分化

核桃雌先型与雄先型品种的雌花在开始分化时期及分化进程上均存在着明显的差异。同一雄花序上的单花，基部花先于顶端花分化，在开花时基部花也明显早于顶端花。雌花形态分化是在生理分化的基础上进行的，其形态分化期在5月下旬到6月下旬，它是控制花芽分化的关键时期。此时花芽对外刺激的反应敏感，可以人为地调节雌花的分化。

二、核桃开花特性

根据花的性质可分为雌花（图3-2）和雄花（图3-3）两种，它们着生于同一株树，但在不同的芽内，故称为雌雄同株异花。早实核桃中也发现有雌雄同花序或同花，但数量极少。

图3-2　核桃雌花

各种类型因品种不同存在一定的差别。据观察，核桃雌先型比雄先型雌花期早5～8d，雄花期晚5～6d；核桃主栽品种多为雄先型，雄花比雌花提早开放15d左右。不同品种间的雌雄花期大多能较好地吻合，可相互授粉。雌雄异熟是异花授粉植物的有利特性。核桃植株的雌雄异熟乃是稳定的生物学性状，尽管花期可依当年的气候条件变化而有差异，然而异熟顺序性未发现有改变；同一品种的雌雄异熟性在不同生态条件下亦表现比较稳定。

图3-3 核桃雄花

雌雄异熟性决定了核桃栽培中配置授粉树的重要性。雌雄花期先后与坐果率、产量及坚果整齐度等性状的优劣无关，然而在果实成熟期方面存在明显的差异，雌先型品种较雄先型早成熟3～5d。

三、核桃花授粉特性

核桃为雌雄同株异花，同一株树上雌花与雄花的开花和散粉时期常会出现雌雄异熟的现象，如雌花先于雄花开放，称为雌先型；雄花先于雌花开放，称为雄先型；雌、雄花同时开放，称为雌雄同熟型。雌雄同熟型并不多见，而雌先型和雄先型则较为常见，自然界中，这两种开花类型的比例几乎各约占50%，但在优良品种推广中雄先型居多。

由于雌雄花期的不一致现象，导致核桃出现授粉受精不良、坐果少、产量低等现象。因此，要合理搭配品种，常选择能够相互提供授粉机会的 2～4 个品种进行栽植。对雌先型(雄先型)的品种，配置雄先型(雌先型)的授粉树，保证二者的雌、雄花成熟期和花期一致，以利于授粉。

第三节　核桃果实生长发育习性

一、果实生长发育规律

核桃果实包括带有不能食用绿色果皮的膨大子房。由于花瓣并不明显，因此要区分雌花朵和幼果是非常不容易的。从雌花柱头枯萎到总苞变黄并开裂的整个过程可以称为果实的发育。果实的发育通常要经历两个时期，快速生长期和缓慢生长期。快速生长期开始于开花后 6 周到 6 月中旬，次阶段果实的生长量大约占全年生长量的 85%，平均 1d 内的生长长度为 1mm 以上；6 月下旬到 8 月上旬则进入核桃的缓慢生长期，次阶段核桃果实的生长量约占全年生长量的 15%。

通常可以将核桃果实的整体发育分为 4 个阶段：

①一般在开花后 40d 左右进入果实的速长期，此阶段为坐果的关键时期，其生长速度加快，果实大小基本定型。

②北方约在 6 月下旬进入核桃的硬核期，此阶段果实停止增大，绿皮内的核壳开始硬化，种仁由半透明糊糊状变成乳白的嫩仁，种子基本形成，果实体积增加很小。硬核期持续时间约为 35d。

③进入油化期(种仁充实期)，果实开始略有缓慢增长，直至 8 月上旬停止增长，达到品种应有的大小。此阶段果壳得到进一步

硬化，种子更加充实。油化期持续时间为55d左右。

④进入成熟期，核桃的果实开始变黄，青皮开裂。果实内淀粉、糖、脂肪等有机物成分不断变化，脂肪等主要营养是在果实发育后期形成和积累的。

核桃生理成熟的标志是内部营养物质积累和转化基本完成，淀粉、脂肪、蛋白质等呈不溶状态，含水量少，胚等器官发育充实。核桃成熟的外部形态特征是青皮由深绿色、绿色，逐渐变为黄绿色或浅黄色，容易剥离，到果实的青皮顶端出现裂缝，且有部分青皮开裂，最后青皮与坚果果壳分离，导致坚果脱落，如图3-4所示。一般认为80%果实青皮出现裂缝时为采收适期。从坚果内部来看，当内隔膜变为棕色时为核仁成熟期，此时采收，种仁的质量最好。核桃从坐果到果实成熟需130～140d。不同地区、不同品种核桃的成熟期不同。北方核桃多在9月上中旬成熟，南方地区稍早些。早熟品种8月上旬即可成熟，早熟和晚熟品种的成熟期可相差10～25d。

图3-4　核桃生理成熟的标志

二、落花落果特点

通常将核桃雌花末期子房未经膨大而脱落的现象称为落花，子房发育膨大而后脱落的现象称为落果。一般来说，在核桃果实快速生长期中，落果现象比较普遍，多数品种落花现象较轻，落果现象较重。

核桃的雌雄异熟现象，对其授粉、受精与坐果等都有显著影响。雄花序的花粉量虽多，但寿命很短，室外生活力仅5d左右，刚散出的花粉发芽率90%，1d后降低到70%，第6天全部丧失生活力。在2～5℃储藏条件下，花粉生活力可维持10～15d，20d后全部丧失生活力。

核桃为风媒花，由于花粉粒较大，传播距离相对较近。一般距核桃树150m之内能捕捉到花粉粒，300m以外则很少。此外，花期不良的气候条件（如低温、降雨、大风、霜冻等），都会影响雄花散粉和雌花授粉受精，降低坐果率。

核桃落果多集中在柱头干枯后的30～40d（新疆地区20～30d），尤其是果实速长期落果最多，称为“生理落果”。核桃落果的原因往往与受精不良、营养不足、花期低温和干旱等有关。在新疆核桃产区，6—8月气温高、干旱，造成核桃果实发育不良，落果严重。生产中应针对落果原因，结合核桃生物学特性，在加强土、肥、水管理的基础上，花期采取叶面喷施0.2%～0.3%硼酸溶液、进行人工辅助授粉和疏除过多雄花芽等措施，有利于提高核桃坐果率。

第四节　核桃对周围环境条件的要求

尽管核桃属植物，对自然条件具有非常强的适应能力，但在核桃栽培方面却对适生条件提出了严格的要求，因此形成了若干个核桃主要产区。一旦超越其适生条件，虽然能够生存但往往生长不良、产量低、坚果品质差，失去了栽培意义。表3-1是核桃产区气候条件的相关数据。

表 3-1 主要核桃产区气候条件(陕西果林研究所)

产区	核桃种	年平均气温(℃)	绝对最低气温(℃)	绝对最高温度(℃)	年降水量(mm)	年日照(h)
新疆库车	核桃	8.8	−27.4	41.9	68.4	2999.8
陕西咸阳	核桃	11.1	−18.0	37.1	799.4	2052.0
山西汾阳	核桃	10.6	−26.2	38.4	503.0	2721.7
河北昌黎	核桃	11.4	−24.6	40.0	650.4	2905.3
辽宁大连	核桃	10.3	−19.9	36.1	595.8	2774.4
云南漾濞	铁核桃	16.0	−2.8	33.8	1125.8	2212.0

表 3-1 中数据表明:①我国核桃主产区的气候条件虽然不同,但大体相近;②铁核桃产区的年平均温度和降水量均较高;③两个核桃种对生态条件有着不同的要求。

一、温度

核桃属喜温树种,通常认为核桃苗木或大树适宜生长的温度范围是年平均温度 9～16℃,极端最低温度−25℃,花期或幼果期−2℃以上,极端最高温度 38℃以下。无霜期为 150～240d 的地区适宜栽培。春季日平均温度 9℃以上,芽开始萌动,14～16℃进入花期。开花展叶后,如温度降到−4～−2℃,新梢将被冻坏。花期或幼果期,气温降低到−2～−1℃时就会减产。夏天当温度达到 38℃以上时,停止生长,易受灼伤,核仁发育不良,形成空蓬。秋季日平均温度 10℃开始落叶,进入休眠期。当温度低于−20℃幼树即有冻害,−25℃枝芽产生冻害,−29℃时产生严重冻害。

铁核桃(漾濞核桃)只适应亚热带气候,耐湿热而不耐干冷,要求适宜生长的年平均温度为 16℃,最冷月的平均温度为 4～10℃,极端最低温度−5.8℃,如气温过低则难以越冬。

二、土壤

核桃适于坡度平缓、土层深厚而湿润、背风向阳的条件。

核桃为深根性树种，对土壤的适应性较强。以土质疏松、土层深厚、排水良好、肥沃的壤土或沙壤土为宜，黏重板结的土壤或过于瘠薄的沙地不利于核桃的生长发育。适宜生长的 pH 为 6.2～8.2，最适 pH 为 6.5～7.5。

核桃树是喜肥植物，增加土壤有机质有益于产量的提高。土壤含盐量过高会影响核桃的生长发育，能够忍耐的土壤含盐量在 0.25%以下，超过 0.25%就会影响生长发育和产量，导致树体死亡。其中氯酸盐比硫酸盐危害更大。土壤中高含量钠、氯、硼的危害尤为严重。症状表现先在叶尖、叶缘出现枯斑，逐渐扩大到叶片中脉乃至整个叶片。核桃喜钙，在石灰性土壤上生长结果良好。

核桃根系具有内生和外生菌根，这些菌根能够促进根系对营养的吸收，有利于核桃的生长发育。重茬会导致土壤有害微生物数量增加而使有益微生物数量减少，使土壤中线虫和有害真菌密度增加，重茬园营养元素的失调也会加重病虫害的发生。

三、海拔

核桃适应性较强，北纬 21°～44°，东经 75°～124°都有生长和栽培。在北方地区核桃多分布在海拔 1000m 以下的地方；秦岭以南多生长在海拔 500～2500m 的地方，云贵高原多生长在海拔 1500～2500m 的地方。其中云南漾濞地区海拔 1800～2000m，为铁核桃适宜生长区，在该地区海拔低于 1400m，则生长不正常，病虫害严重。辽宁西南部核桃适宜生长在海拔 500m 以下的地区，高于 500m，由于气候寒冷，生长期短，核桃不能正常生长结果。

四、光照

核桃是喜光树种，普通核桃光合作用最适的光照强度为60000lx。结果期的核桃树要求全年日照在2000h以上，如低于1000h则会影响结果，降低核桃品质。尤其是在雌花开花期，保证良好的光照条件，会明显提高核桃的坐果率；遇阴雨、低温天气，则极易造成大量落花落果。在我国北方核桃产区，日照长，产量高，品质好；阳坡、半阳坡较阴坡产量高；外围比内膛结果多。生产中，在园地选择、栽植密度、栽培方式及整形修剪等方面，都必须首先考虑采光问题。

五、风

风也是影响核桃生长发育的因素之一，适宜的风量、风速有利于授粉，增加产量。但是，在核桃授粉期间经常有大风的地区应该进行人工授粉或选择单性结实率高的品种。

六、水分

核桃不同的品种对水分条件的要求有较大的差异。一般年降水量600～800mm，且分布均匀的地区基本可满足核桃生长发育的需要。铁核桃分布区年降水量为800～2000mm，而新疆早实核桃则适应于新疆干燥气候。

核桃果实发育期，需要充足的水分和养分，才能迅速生长。土壤过干，常会引起大量的落花落果，甚至落叶。一般当土壤含水量为田间最大持水量的60%～80%时，适合于核桃的生长发育，当土壤含水量低于田间最大持水量60%时（或土壤绝对含水量低于8%～12%），核桃的生长发育就会受到影响，造成落花落果，叶片枯萎，需要适时灌水。

水分过多对核桃的生长发育也不利。因此，在建园前应慎重选定园址，同时在栽树前应进行土壤改良，山坡地种植核桃应做好增厚土层、健全水土保持设施等工程。平地建园应解决排水问题，地下水位应在2m以下。结果树若遇秋雨频繁时，常会引起青皮早裂，导致坚果变黑，降低坚果的营养和商品价值。

第四章　核桃育苗技术

第一节　核桃砧木苗的培育

利用种子繁育生成的实生苗称为砧木苗，一般为嫁接苗提供砧木。砧木的质量越好，嫁接的成活率高，所取得的经济效益较好，反之，则差。

一、我国核桃砧木种类及特点

我国核桃砧木种类主要有 7 种，分别是核桃、铁核桃、核桃楸、野核桃、麻核桃、吉宝核桃和心形核桃。其中，核桃、铁核桃、核桃楸、野核桃 4 种是当前应用较多的。我国南方，由于降水量大、湿度高，此外枫杨虽不是核桃属，亦有作核桃砧木的报道。

（一）核桃

以核桃作砧木（也叫共砧或本砧），具有嫁接亲和力强，成活率高，生长和结果良好的特点，是我国北方地区应用最为普遍的一种砧木。

（二）铁核桃

铁核桃主要分布在我国西南各省，其野生类型又称夹核桃、坚核桃和硬壳核桃等，铁核桃的坚果壳厚而硬，果小，出仁率低，为20%～30%，商品价值也低。但它是泡核桃、娘青核桃、三台核桃、大白壳核桃和细香核桃等优良品种的良好砧木。

（三）核桃楸

核桃楸分布在我国东北和华北各地，又称楸子、山核桃等。核桃楸耐寒，耐旱，耐瘠薄，是核桃属中最耐寒的一个品种，适于北方各省栽植。由于目前核桃楸在生产上用作砧木还有一些问题需要处理，因此应用并不广泛。

（四）野核桃和麻核桃

野核桃以江苏、湖北、云南、四川和甘肃等省为主，山地和丘陵地区生长，多被当地用作核桃砧木。

利用野生资源高接，用作培育砧木的少。

（五）枫杨

枫杨（*Pterocarya stenoptera* C. DC.）又名枰柳、麻柳、水槐树等多生于湿润的沟谷及河滩地，其根系发达，适应性较强。但由于枫杨嫁接核桃的保存率很低，因此在生产方面应用不多。

二、苗圃地的选择与建立

（一）苗圃地选择

苗圃地条件的好坏，直接影响苗木的产量、质量和育苗成本。新建苗圃，如果选地不当，常给生产上造成难以弥补的损失。因此，选择圃地时应做细致的调查研究，综合分析各方面情况，选择位置适中、管理方便，自然条件适宜的地块作为苗圃地。

苗圃地最好选在地势平坦、土壤深厚、肥沃、土质疏松的沙壤土和轻黏壤、有灌溉条件，病虫害少的耕地。

（二）圃地整理

圃地的整理是保证苗木生长和质量的重要环节，只有通过精耕细作施肥灌溉，换茬轮作，才能提高土壤肥力，改善土壤的水分、温度和通气状况，为种子的发芽和苗木生长创造良好的环境条件。

1. 整地作床

核桃育苗地整地分为作床（畦）和作垄两种方式。

（1）作床

深耕有利于苗木根系的生长发育，因此要及时耕耙，深耕细耨，清除草根、石块、地平土碎，并达到一定深度。“宽一尺，不如深一寸”“深耕细耙，旱涝不怕”，一年生播种苗的吸收根系，主要分布在 10～25cm 深的土层中。因此，播种区耕地深度一般以 20～25cm 为宜，核桃为深根性树种，有条件时可达 30cm。耕后立即耙实耙透达到平、松、碎。

（2）作垄

在干旱地区，核桃的育苗多采用低床育苗，即床面低于步道的苗床，有利于蓄水保墒，方便灌溉。通常要求床宽 1～1.5m，长 10～20m，达到“地平埂直无坑凹，上虚下实无坷垃”的要求。床的方向，平地以南北向为好，山地平台沿等高线作床。垄高 20～30cm，垄顶宽 30～35cm，垄间距 70cm，垄长 10m 左右。作垄对管理和起苗较为方便，提倡育苗时采用作垄方式。

2. 土壤灭菌杀虫

为消灭土壤中的害虫及病原菌可采用硫酸亚铁、五氯硝基苯、辛硫磷等消毒药剂，进行土壤灭菌处理，采用西维因、呋喃丹等进行土壤杀虫工作。

（1）福尔马林

福尔马林又称甲醛。每平方米用福尔马林 50mL，加水 6～

12kg，播种前 10～15d 喷洒播种地，后用塑料薄膜覆盖压实，播种前 5d 除去薄膜，5d 后待味散失后播种。

(2)五氯硝基苯混合剂

配制方法：五氯硝基苯 75%，代森锌或塑化剂、敌克松 25%。

此药对人畜无害。施用量$(4\sim6)g/m^2$，将配好的药与干细沙土混匀，撒于播种沟底，点播种子后再撒药土，然后覆土填实。

3. 施肥

“地靠粪养，苗靠肥长”“有苗无苗在于管，苗好苗坏在于肥”生动地说明了施肥的重要意义。

苗圃常用的肥料分有机肥料、无机肥料和生物肥料三大类。

(1)有机肥料

有机肥是由植物的残体或人畜的粪尿等有机物经微生物分解腐熟而成。常用的有厩肥、堆肥、绿肥、饼肥、腐殖酸肥等。含有苗木所需的各种营养元素和有机质及微生物，也叫完全肥料，多用作基肥。

(2)无机肥料

无机肥也叫矿物质肥料，分氮、磷、钾三大类和多种微量元素。氮肥常用的有硫酸铵、碳酸氢铵、硝酸铵和尿素等。磷肥常用的有过磷酸钙、钙镁磷肥和磷矿粉等。钾肥常用的有氯化钾、硝酸钾和草木灰等。微量元素有铁、硼、锰、铜、锌和钼等。一般用它们的水溶性化合物，如硫酸亚铁、硼酸、硫酸锰、硫酸铜、硫酸锌、钼酸铵等进行根外追肥。

(3)生物肥料

生物肥也叫微生物肥料，它包括固氮菌、根瘤菌、磷细菌、钾细菌等各种细菌肥料和菌根真菌肥料。

施肥应坚持以有机肥为主，化肥为辅和施足基肥，适当追肥的原则，做到苗木缺啥肥施啥肥，因苗制宜，因时制宜。为了做到有的放矢，指导苗圃施肥工作，现将肥料三要素的功用和缺乏时的症状列表，如表 4-1 所示，可供参照。

表 4-1　肥料三要素的功用和缺乏时的症状

种类	功用	缺乏时症状
氮	氮是组成植物体内蛋白质和叶绿素的主要成分，氮肥充足时，植株高大，枝叶繁茂，叶色浓绿，光合作用强，作物产量高品质好	植物缺乏氮素时植株矮小，生长缓慢，叶色渐黄，叶片提早枯萎脱落。氮素过多时，植株疯长茎叶柔软，对干旱、霜冻和病虫害等抵抗力减弱，易倒伏和贪青晚熟
磷	磷是组成细胞核的主要成分，是植物体内各种糖分的转化、形成淀粉、脂肪、蛋白质不可缺少的物质。磷肥充足时有利于苗木生长，促进根系发育，增强抗旱、抗寒、耐盐碱能力，促进植物花、果实的形成和发育，种子饱满提早成熟	植物缺乏磷素时，叶色暗绿，紫红或赤褐色，生长缓慢甚至停止，花、果实的形成和发育受到阻碍，落叶早，根系和豆科植物的根瘤发育不良。空秆、秕籽和空壳增多，成熟不整齐，产量低，籽粒不饱满，果实品质差
钾	钾对植物体内糖分、淀粉、蛋白质和纤维素的形成有很大的作用。钾肥充足时植物生长健壮，不易倒伏，增强抗寒、抗旱和抗病虫害的能力	植物缺乏钾时，叶片尖端边缘发黄成铁锈色斑点，而后枯焦，一般先发生在老叶上。禾本科作物氮多钾少时，茎秆软弱，容易倒伏和感染真菌病害

三、采种及种子储藏

（一）采种

采种母树的选择多以生长健壮、无病虫害、种仁饱满、30～50年生的壮龄树为主，采收时要选择形态成熟的，即待青皮由绿变黄并开裂时，种子内部生理活动逐渐微弱，水分含量减少，果实发育充实，储存时间长。

做种子的核桃，过早或过晚采收都会对种子的发芽和出苗造成影响。核桃种子的成熟度对种子的发芽率影响较大，通常每年的9月底是核桃的成熟季节，用作种子的核桃应比其他商品核桃晚收3～5d。实践表明，9月底采收的核桃，其出芽率能达80%左右，而9月中旬采收的只达到60%～70%，9月上旬采收则只达到20%～30%。

常用的采种的方法有下列两种：

①捡拾法。定期对自然落地的坚果进行捡拾。

②打落法。采用打落方法的最佳时期在树上果实青皮有1/3以上开裂。

用作种子的核桃不需要进行漂洗，直接将脱青皮的坚果捡出晾晒即可；未脱青皮的则可采用堆沤脱皮或用乙烯利进行处理。

种子晾晒时要薄层摊在通风干燥处，不能直接放在水泥地面、石板或铁板上接受阳光的暴晒，以免对种子生活力产生影响。

（二）种子储藏

用作秋播的种子无后熟期，可在采收后一个多月就进行播种，即使带青皮播种，晾晒时也不需要等到整个核桃干透。相对于秋播的种子，用于春播的种子则需要较长的储藏时间，储藏时保持低湿5℃左右、空气相对湿度50%～60%和适当通气，在这种条件下储藏的种子，待春播时仍有正常的生命力。

1.露天坑藏

选择地势高、干燥、排水良好、无鼠害的背阴处，挖宽100cm左右，深80～100cm，长度视种子量而定的储藏坑。储藏前，需要对种子进行水选择，将漂浮于水面上的瘪种子弃掉，将浸泡2～3d的饱满种子取出进行沙藏。先在坑底铺河沙一层，厚10cm左右，再将核桃、沙分层交互放入坑内；或1份核桃2份沙混合放入坑内。堆至距地面12～15cm时，用沙填平，上面加土成屋脊状。同时于储藏坑四周开出排水沟，以免积雪融化侵入坑内，造成种子霉烂。保证储藏坑内空气流通，应于坑的中间竖一束秸秆，直达坑底，以利通气。

2. 室内堆藏

在阴凉室内地面上，先铺一层玉米秆或稻草，再在上面铺上一层用手捏不成团的适湿河沙，然后按 1 份核桃 2 份沙的比例，将果沙混匀后堆放其上。也可将核桃和河沙分层交互放置，每层 4～7cm 厚。最后在堆的上部再覆湿河沙一层，厚 4～5cm，沙上再盖以稻草。堆高 80～100cm 为宜。沙藏期间每隔 3～4 周翻动检查一次。

3. 普通干藏

将采收后的核桃种子放在通风处晾干，然后装入袋或缸等容器内，放在消过毒的低温、干燥、通风的室内或地窖内。

4. 密封干藏

采收后晾干的核桃种子装入双层塑料袋内，在塑料袋内装入干燥剂，密封后放进可控温、控湿、通风的种子库或储藏室内。

四、种子处理

秋播种子可直接用作播种，不需要进行任何处理。而用作春季播种的核桃种子，在播种前为确保发芽率，还需要对其进行浸种处理。常用的浸泡方法有冷水浸种、冷浸日晒、温水浸种、开水浸种、石灰水浸种等。

1. 冷水浸种法

将要播种的种子放在冷水中浸泡 5～6d（浸泡时保证每天换一次水）后，然后暴晒近 1d，当大部分种子膨胀裂口时，即可播种。

采用冷水浸种法，还可采用流水浸泡，即将装有核桃种子的麻袋放在流水中，浸种 5～6d，然后暴晒近 1d，当大部分种子膨胀裂口时，即可播种。

2. 冷浸日晒法

冷浸日晒法是一种比较常用的办法。夜间将种子浸泡在冷水中，白天将种子放在阳光下暴晒。经浸泡的种子吸水发生膨胀，暴晒后，多数种子就会出现开裂，捡出裂口的种子即可播种。

3. 温水浸种法

于 80℃温水缸中，通过不断搅拌缸中的种子，使其自然降至常温，再浸泡 8～10d(浸泡时需每天换水)，待种子膨胀裂口后即可捞出播种。

4. 开水浸种法

未经沙藏的种子，当急需播种时，可将种子放在已经倒入种子量 1.5～2 倍的沸水缸内搅拌(尽量做到随倒随搅拌)，使水面浸没种子，这时果壳不断爆裂，要不停搅动，5min 后捞出种子即可播种。

开水浸种法主要用于中、厚壳核桃种子，薄壳和露仁核桃不能采用。使用开水浸种法还能同时杀死种子表面的病原菌。

5. 石灰水浸种法

将种子浸在石灰水溶液(浸泡过程中不需换水)中，用石灰头压住核桃，再添加冷水，浸泡 7～8d 后，捞出暴晒几小时，待种子裂口时即可播种。

石灰水浸种法的各成分的配比量是：每 50kg 种子用 1.5kg 生石灰和 10kg 水。

五、播种技术

(一)播种时期

种子的播种时期可分为秋播和春播。

1. 秋播

秋播操作简便，出苗整齐，所用的核桃种子无须处理即可直接播种。秋播宜在土壤结冻前(10 月中下旬到 11 月)进行。秋播过早，会因气温较高，种子在潮湿的土壤中易发芽或霉烂；秋播太晚，又会因土壤结冻，操作困难，特别是冬季严寒和鸟兽为害严重的地区不宜秋播。

2. 春播

春播需要对种子进行一定的处理，促其发芽后再进行播种。华北地区春播常在 3 月中下旬至 4 月上中旬，西北地区在 4 月上中旬，土壤解冻后尽量早播。春播前 3～4d，圃地要先浇 1 次透水。

（二）播种方法

①在苗圃地育苗时以条沟点播为主，播种时先做好 1m 宽的苗床，每床播 2 行，采用宽窄行，便于嫁接时操作，宽行 40cm，窄行 20cm。

②播种前先浇 1 次透水，待土壤湿度适宜时播种，株距 10cm。

③核桃多采用点播方式。播种时使种子的缝合线与地面保持垂直状态，种尖向一侧摆放，这样胚根出来后垂直向下生长，胚芽向上萌出，垂直生长，苗木根颈部平滑垂直，生长势强。否则苗木出土晚，生长势弱，更重要的是苗木根颈部弯曲，以致室内嫁接无法采用，即使生长健壮，也被列为等外苗。

④播后埋土深度一般为种子直径的 3～5 倍，种子上面的覆土厚度一般为 5～8cm。通常秋播较深，春播较浅；缺水干旱的土壤播种较深，湿润的土壤播种较浅；砂土、沙壤土比黏土应深些。春播时，靠播种时良好的墒情可以维持到发芽出苗，一般不需要浇蒙头水。对于春季干旱风大的北方地区，由于土壤的保墒能力

较差,则需要浇水。

⑤播种后及时覆膜,以提高地温、保墒,提高出苗率。

(三)播种量

播种量与种子的大小和种子的出苗率有关。一般情况下,每亩需要 150～175kg,可产苗 6000～8000 株。种子总量要根据播种方法、株行距、种子大小及质量计算。最好在播种前先调查出芽率,以便准确计算播种量。

六、苗期管理

春播核桃通常于 20d 左右开始发芽出苗,40d 左右苗基本出齐。要更好地培育出生长健壮的砧木苗,必须加强苗期的田间管理工作。

(一)补苗

苗木出土后应及时对其出苗情况进行检查,对于缺苗严重的地段,应及时补苗,确保单位面积的成苗数量。

补苗有两种方法:①用催芽的种子重新播种;②将多余的幼苗进行带土移栽过去。

(二)肥水管理

苗出齐后,应及时灌水,加快苗木的生长。每年的 5—6 月是苗木生长的关键时期,应及时灌水,并结合追肥施速效氮肥 2 次,每次施硫酸铵 10kg/亩左右。进入 7—8 月,是雨量较多的月份,可根据雨情决定灌水与否,同时追施磷钾肥 2 次。对于某些降水量较多的地区,还应注意做好排水工作,以防苗木晚秋徒长或烂根死亡。9—10 月的灌水次数保证在 2～3 次即可,但最后一次的封冻水应特别注意。

除上述需要注意的问题外,在幼苗生长期间,还应适当实施根外追肥，即用 0.3％的尿素或磷酸二氢钾液喷布叶面，每 7～10d 一次。

（三）中耕除草

中耕除草具有疏松壤土，减少蒸发，防止地表板结，促进气体交换，提高土壤中有效养分的利用率的作用。在核桃的幼苗前期，中耕深度保持在 2～4cm 即可，进入后期需要逐步加深，通常为 8～10cm。中耕次数可根据具体情况来实施，通常为 2～4 次。

苗圃的杂草若生长过快，很容易与幼苗争夺水分和养分，必须及时除草和中耕。除在杂草旺长季节进行几次专项中耕除草外，每次追肥后必须灌水，并及时中耕和消灭杂草。

（四）断根

可在夏末对实生苗进行断根处理。育苗时切断主根，可促进侧根发育，提高苗木质量，提高栽植成活率，有利于嫁接苗的顺利起苗。

断根通常是在行间距离苗木基部 20cm 处，用断根铲呈 45°斜插地面，将主根切断。断根后，加强肥水管理，促进伤口愈合，侧根发育。

（五）防止日灼

刚出土的幼苗，高温暴晒天气很容易造成其嫩茎尖端出现焦枯，即日灼，俗称“烧芽”。防止日灼，除播前提高整地质量外，播后在地面覆草，以降低地温，减缓蒸发，增强苗势。

（六）防治病虫害

核桃苗木的虫害主要有象鼻虫、刺蛾、金龟子等。应选择适宜时期喷施农药进行防治。

除在播种前进行土壤消毒和深翻之外，对苗木菌核性根腐病和苗木根腐病可用 10％硫酸铜或甲基托布津 1000 倍液浇灌根部。对黑斑病、炭疽病、白粉病等可在发病前每隔10～15d喷等量波尔多液200倍液2～3次，发病时喷70%甲基托布津可湿性粉剂800倍液，防治效果良好。

（七）越冬防寒

冬季气温低于－20℃以下的地区，需做好苗木防寒。

将苗木弯倒埋土；用熬制好的聚乙烯醇将苗木主干均匀涂刷。聚乙烯醇一般采用聚乙烯醇∶水＝1∶(15～20)的比例进行熬制。先用锅将水烧至50℃左右，后加入聚乙烯醇，随加随搅拌直至开锅，再用小火熬制20～30min后即可，待常温后使用。采用此法可防止苗干失水抽条，使苗木安全越冬。

第二节　核桃嫁接苗的培育

一、接穗采集与储运

（一）接穗的采集

为了提前嫁接，前期采集的接穗有效芽可掌握在3个，所剪枝条保留叶片2～3个即可，剪接穗时注意，剪断的部位尽量低一点，保证剪下的接穗最下面一个芽可以利用。中后期采集的接穗有效芽要掌握在5个以上，所剪枝条保留叶片3～4个以上。

为了提高接穗的利用率，在接穗采集前7d就必须对要采集的接穗进行摘心处理，可以促进上部接芽成熟，每个接穗可以多出1～2个有效芽。采后立即去掉复叶，留1～1.5cm长的叶柄。如果就地嫁接，可随采随接。

（二）接穗的储运

核桃芽接接穗保存期较短。接穗在采集、运输、储藏、嫁接整个过程中都要注意遮阴和保湿。外出采集必须带湿麻袋，在采集过程中随时打捆，放到阴凉处盖上核桃剪下的叶片暂时存放，在运输车下面要多垫一些湿核桃叶，然后立即入窖(地窖要提前灌水提高湿度)，在大苗圃地嫁接集中的地方可挖一个储存接穗的小地窖，用来临时储藏接穗。异地或远地嫁接，通常需要用塑料薄膜包裹，最好进行低温、保湿运输，以减少接穗水分散失。

二、嫁接技术

(一)嫁接的时期选择

芽接在新梢加粗生长高峰期，砧木达到要求粗度(0.5cm 以上)，接芽成熟(新梢封顶)的前提下越早越好，至夏季极高温出现前结束。

枝接适宜的嫁接时期为砧木发芽至展叶期(雄花膨大伸长到散粉之前)一般在 3 月下旬至 4 月下旬。

接穗保湿极为重要。采用蜡封接穗、塑料条包扎接口都能防止接口失水。如果春季干旱多风，外面可再加一层塑料薄膜筒，内装湿土，或用报纸围绕接口卷成筒状，放入湿土，外面再套上塑料袋效果更好。

(二)嫁接方法

嫁接方法可分为芽接和枝接两大类。核桃嫁接的成活率不高。近年来，芽接育苗技术逐渐成熟和普及，该技术简便、经济、高效，采用单开门方块形芽接，已经广泛地应用于生产中，成为核桃育苗的主要方法。

1. 芽接

芽接育苗技术具有繁殖速度快、省工、省料、成本低、苗木质量高等特点。

(1)单开门方块形芽接

方块形芽接技术如图 4-1 所示。目前应用较多的是单开门方块形芽接技术。单开门方块形芽接技术分为带叶柄双层膜法和不带叶柄单层膜法两种,为了防止雨水进入,多用带叶柄双层膜法嫁接。

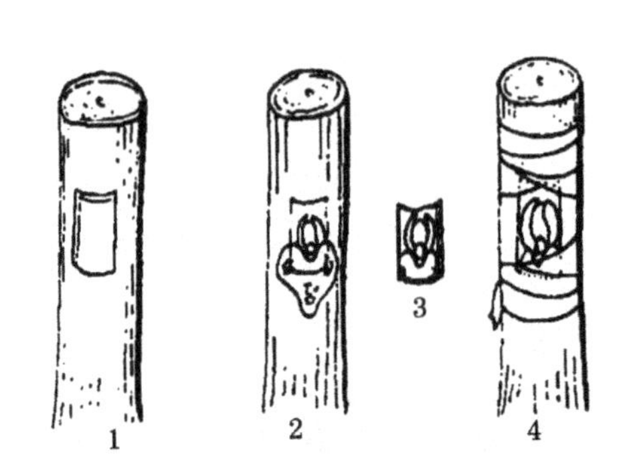

图 4-1 方块形芽接

1—切砧木;2—切接穗;3—芽片;4—镶入芽片并绑缚

(2)"T"形芽接

"T"形芽接技术如图 4-2 所示。

①芽片切成长 3～5cm,上部宽 1.5cm 的盾形。

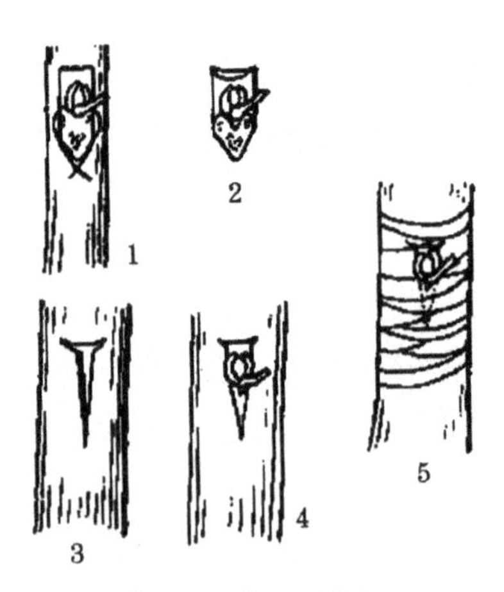

图 4-2 "T"形芽接

1—切接芽;2—芽片;3—砧木"T"形切口;4—插入接芽;5—绑缚

②选用1～2年生的砧木，在其上距地面10～20cm处选光滑部位切一横向比接芽略宽的“T”形切口，深达木质部，长度与芽片相当。

③挑开切开的皮层，接芽迅速插入砧木，保证芽和砧紧密相贴，且与上切口形成层对齐。

④用塑料条自上而下地绑严。

(3)环状芽接

环状芽接技术如图4-3所示。

①在选好接芽的芽上1cm和芽下1.5～2cm处环切一周，环切深度达到木质部。

②在芽背面纵切一刀，将环状芽片取下。

③在砧木适当高度的光滑处，将与芽片相同大小的筒状树皮环割取下。

④将芽片镶嵌到砧木切口内，用塑料条绑严，保证芽环不会左右移动。

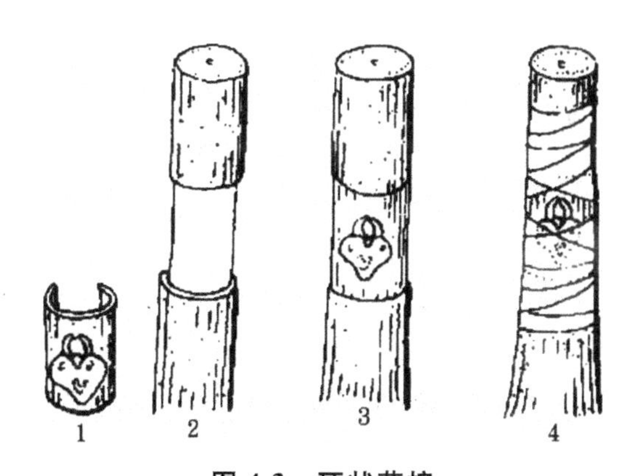

图4-3 环状芽接

1—环状芽片；2—砧木环状接口；3—镶入芽片；4—绑缚

(4)“工”字形芽接

“工”字形芽接技术如图4-4所示。

①在接芽上、下方各环切长3～4cm，宽1.5～2.5cm，深达木质部。

②从接穗背面取下 0.3～0.5cm 长的树皮作为“尺子”。

③在砧木适当部位，量取同样长度，上下各切一刀，宽度达干周的 2/3 左右，从中间竖着撕去 0.3～0.5cm 宽的皮。

④剥开两边的皮层，将芽片四周剥离(仅剩维管束相连)。

⑤用拇指按住接芽侧面，向左推下芽片(带一块护芽肉)，将芽片嵌入砧木切口中。

⑥用塑料条将接好的芽自上而下包扎严密。

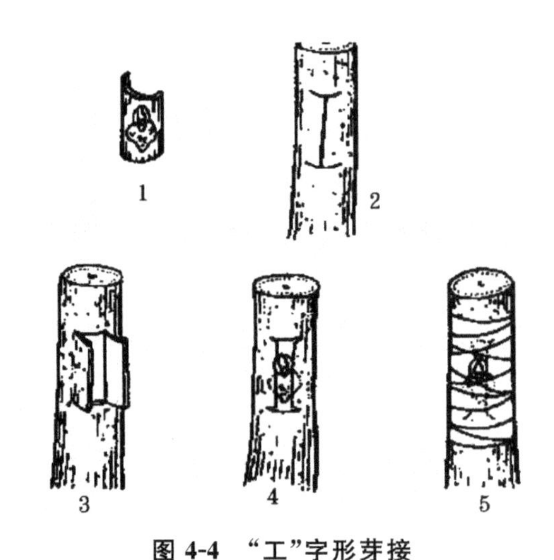

图 4-4 “工”字形芽接

1—取下芽片；2—砧木切口；3—打开砧皮；4—镶入芽片；5—绑缚

2. 枝接

枝接，即以枝条为接穗的嫁接方法。枝接分为室外枝接和室内枝接两种。

(1)室外枝接

常见的室外枝接嫁接方法有劈接、插皮舌接、插皮接和腹接等。

1)劈接(图 4-5)

劈接(图 4-5)适于树龄较大、苗干较粗的砧木。

①选 2～4 年生、直径 3cm 以上的砧木于地面上 10cm 处锯断

砧木，削平锯口。

②用刀在砧木中间垂直劈入5cm。

③将接穗两侧各削一个长4～5cm的对称斜面。

④迅速将接穗插入砧木劈口中，使接穗削面露出少许，并使砧、穗两者的形成层紧密对合。

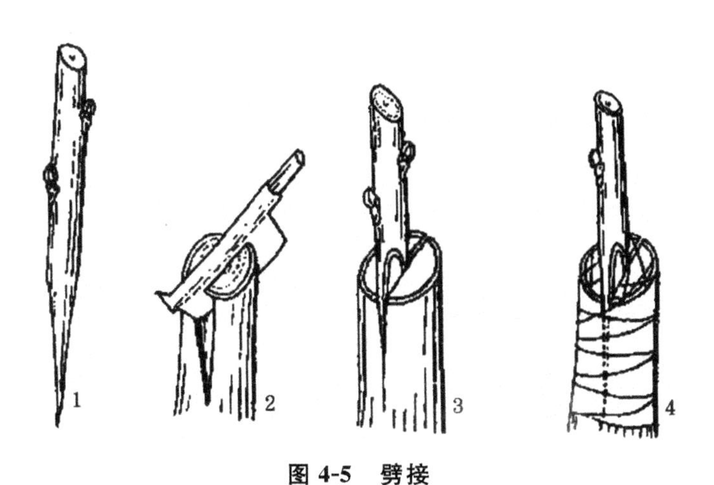

图4-5　劈接

1—接穗削面；2—砧木切口；3—插入接穗；4—绑缚

2）插皮舌接

插皮舌接技术如图4-6所示。

①在砧木的适当位置锯断（或剪断），并削平锯口。

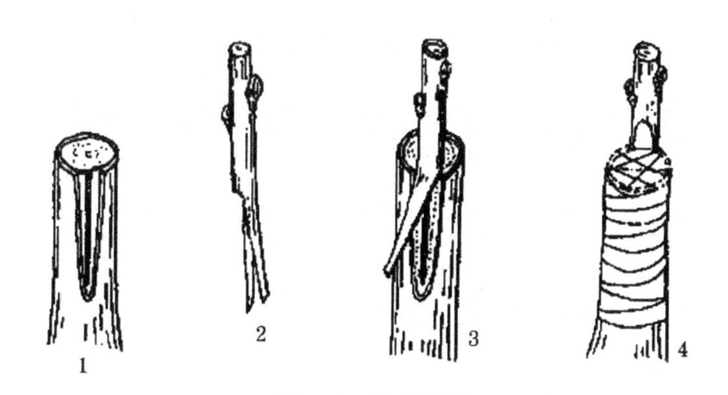

图4-6　插皮舌接

1—砧木削面；2—接穗侧削面；3—插入接穗；4—绑缚

②选砧木光滑处，由上至下地削去长 5～7cm，宽 1cm 左右的老皮，露出皮层。

③将蜡封接穗削成长 6～8cm 的大削面。

④在砧木皮层的削面盖上接穗的皮层。

⑤用塑料条绑紧接口。

3)插皮接

插皮接技术如图 4-7 所示。

①剪断或锯断砧干，削平锯口。

②在砧木光滑处，由上向下垂直划开一长约 1.5cm 刀口，深达木质部。

③顺刀口用刀尖向左右挑开皮层。

④接穗时，将一侧削成一个长约 6～8cm 大削面，将另一侧在两侧轻轻削去皮层。

⑤将削好的接穗顺砧木上刀口插入，接穗内侧露白 0.7cm 左右，然后用塑料布包扎好即可。

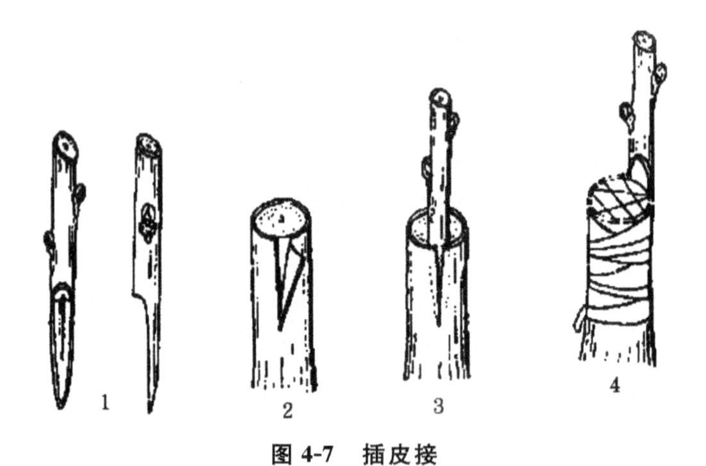

图 4-7　插皮接

1—接穗削面；2—砧木切口；3—插入接穗；4—绑缚

4)腹接

腹接技术如图 4-8 所示。

①用直径度不小于 2～3cm 的砧木，在距地面 20～30cm 处

与砧木呈 20°～30°角向下斜切 5～6cm 长的切口。

②接穗一侧削 5～6cm 长的大削面，背面削 3～4cm 长的小削面。

③用手轻掰砧木上部，使切口张开。

④将接穗大斜面朝里插入切口，对准形成层。

⑤在接口以上 5cm 处剪断砧木，用塑料条包严扎紧。

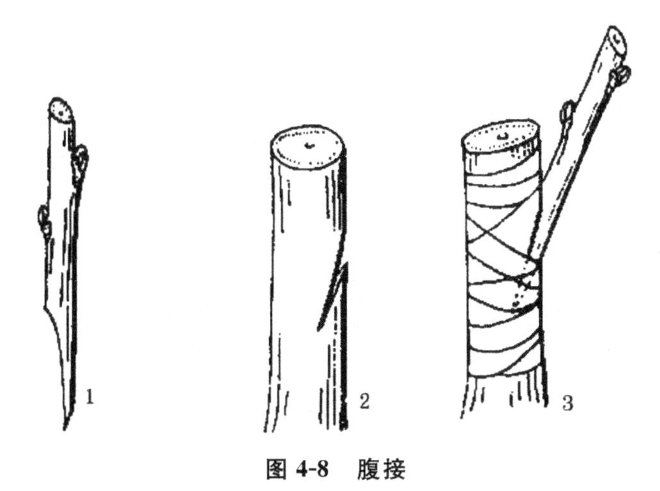

图 4-8　腹接

1—接穗侧切面；2—砧木切口；3—插入接穗并绑缚

(2)室内枝接

室内枝接法能适宜嫁接期长，可实行机械化操作。室内枝接法在整个休眠期都可进行，但以 3—4 月为最适期。

1)自控电热温床苗砧嫁接

自控电热温床苗砧嫁接技术具有成活率高且稳定，生长季节长，易于掌握，便于工厂化育苗。嫁接一般多采用双舌对接法(图 4-9)。

2)子苗砧嫁接

常见的子苗砧嫁接包括砧木培育、接穗准备、嫁接、愈合及栽植等几步。使用子苗砧嫁接法，其嫁接效率高，育苗周期短，成本低，是目前应用比较广泛的嫁接技术之一。

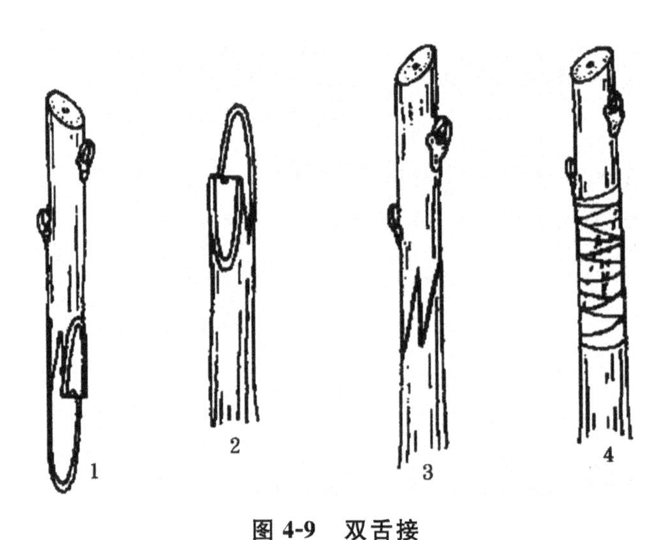

图 4-9 双舌接

1—接穗削面;2—砧木削面;3—插入接穗;4—绑缚

三、影响核桃嫁接成活的主要因素

影响核桃成活的因素有砧木和接穗的亲和力、砧木与接穗的质量、嫁接时的环境条件等。

(一)亲和力

亲和力是嫁接成功的最基本条件。砧木和接穗间必须具备一定的亲和力才能嫁接成活。不亲和表现在生长发育不正常方面,如叶片早期脱落或变色,生长缓慢;树叶簇生;易发生根蘖等。尤其严重的后期不亲和,接后几年甚至几十年才表现出严重不亲和现象。导致不亲和的内因大致有以下几个方面。

①遗传特性的差异,如核桃接核桃、铁核桃接铁核桃,这在嫁接上称“共砧”。同属异种间,亲和力因植物种类而异,多年实践证明,用铁核桃砧木嫁接核桃,亲和力良好。

②植物间的营养和生长习性差异。不同植物发育过程对外界条件的选择限制了嫁接亲和力。

③生理生化上的差异。亲和嫁接的接合线上细胞壁内木质素浓度与非接合部细胞壁中木质素浓度一样高。本木质素在砧、穗间如果不能沟通，在砧、穗间便有一个共有的胞间层，成为脆弱的接合部。

有关核桃这方面的研究不多。生产上在选择核桃砧木的时候，应该用多年实践证明良好的嫁接组合。对于新的嫁接组合，需要经过试验确认后再采用。

（二）砧木与接穗的质量

质量既包括二者体内的营养状况，也包括二者体内的水分状况。

（三）环境条件

1. 温度

温度对愈伤组织的发育有显著影响。一般而言在5～32℃的条件下，愈合组织的增生随温度的增高而加快。树种不同，最适温度也不同。核桃以29℃左右最适宜愈合组织的形成。为此，核桃苗木的春季嫁接，主要考虑提高嫁接时的环境温度。生产上，室外嫁接首先顺应自然，选择温度升高的时间阶段作业。其次是升温和保温设施，一般是搭建塑料棚。

夏季高接换种时，主要考虑防止环境高温的危害。

2. 湿度

湿度对嫁接愈合起着至关重要的作用。不管是具有分生能力的薄壁细胞还是愈伤组织（实际上在愈伤组织上保持一层水膜对大量形成愈伤组织比饱和的空气湿度还要好）的薄壁细胞，以及愈伤组织的增殖都需要一定的湿度条件。另外，接穗也只有在较高的湿度下才能保持生活力。

3. 光照

影响嫁接愈合成功的因素还有光照。黑暗条件下的嫁接削面上长出的愈伤组织多,呈乳白色,很嫩,砧木接穗易于愈合。在光照条件下,抑制愈伤组织的发育,愈伤组织少而硬,呈浅绿色,不易愈合,要依靠接口内不透光部分的愈伤组织,因而使成活的机会和速度受到影响。因此,削面是否平整及缠绕是否结合严密,对核桃嫁接成活影响很大。

4. 嫁接技术

嫁接技术主要指,一是嫁接是否熟练,速度快,切面在空气中暴露时间短,单宁氧化轻;二是砧木和接穗的形成层是否对准,结合面是否平整,缠绕松紧适度,砧木和接穗结合严密而牢固。总之,一句话,嫁接时下刀要快,削面要平,操作速度要快,砧、穗形成层对准,绑扎要严。

四、嫁接后管理

1. 检查成活、解绑和补接

芽接完成后一般 7～14d 检查成活率,对未成活的应及时进行补接。休眠期枝接、芽接后,枝芽新鲜,愈合良好即为成活。

接口的包扎物不能去除太早,否则接口易被风吹干。

2. 除萌

嫁接后十几天砧木上即开始发生萌蘖,需及时抹除砧木上的萌芽和根蘖,以免和接芽争夺养分、水分。一般需要除萌 2～3 次。

3. 绑保护支架

嫁接苗长出 5～8cm 新梢时,紧贴砧木立一直径 3cm,长 80～

100cm 的支柱，将新梢绑于支柱上，以防风折。在生产上，此项工作较为费工，通常采用如降低接口、在新梢基部培土、嫁接于砧木的主风方向等其他措施来防止或减轻风折。

4.剪砧与解绑

核桃枝接时，在嫁接前要剪断砧木。如果芽接不使当年接芽萌发，可以不剪断砧木；如果要求当年萌发，可在接芽上留 1～2 片复叶，或在接后 5～7d 剪留 2～3 片复叶，当接芽新梢长到 20cm 时，从接芽上 2cm 处剪除砧木多留的枝叶。

5.肥水管理与病虫防治

在嫁接苗成活前通常不进行施肥灌水，当嫁接苗长到 10cm 以上时，应当及时施肥、灌水，前期以氮肥为主，后期可少量施加氮肥，增施磷肥、钾肥，以避免造成后期的徒长。也可在每年的 8 月下旬到 9 月上旬对苗木进行摘心，促其停长成熟，防止其越冬抽条。

6.适时摘心

大砧木嫁接时，为了促进嫁接树多分枝、早成形和保持树冠矮小、紧凑多结果，当新梢 30cm 左右时摘心；嫁接当年可摘心 2～3 次。

第三节　苗木出圃

一、苗木出圃及分级

（一）苗木出圃

苗木出圃要根据栽植计划进行，挖苗前几天应做好起苗准备,若土壤过于干燥,应充分浇水,以免挖苗时损伤过多根系,浇水后须待土壤稍疏松、干爽后挖苗。秋栽的苗木,应在新梢停止生长并已木质化、顶芽形成并开始落叶时进行挖苗。栽植前从苗圃地挖出,挖苗时保持苗木根系完整,尽量避免风吹日晒减少苗木损伤。

1.起苗前的准备

起苗时根系保存的好坏对栽植成活率影响很大。为减少伤根和容易起苗,要求在起苗前一周要浇1次透水,使苗木吸足水分,这对于较干燥的土壤更为重要。

2.起苗时期

由于北方核桃幼苗在圃内有严重的越冬“抽条”现象,所以起苗时期多在秋季落叶后到土壤封冻前进行。根据当地的气候条件,一般在10月底至11月初开始起苗。对于较大的苗木或“抽条”较轻的地区,也可在春季土壤解冻后至萌芽前进行起苗,或随起苗随栽植。

3.起苗方法

核桃起苗方法有人工和机械起苗两种。

在起苗时,根未切断时不要用手硬拔,以防根系劈裂。不能及时运走的苗木,必须进行临时假植。若苗木数量少,还可带土起苗,并包扎好泥团,以最大限度地减少根系的损伤,防止根系损失水分。

(二)苗木的分级

起苗后按苗木质量标准分级,核桃苗粗壮,一般每捆20～30株,分清品种挂上标签。远距离运输的苗木要进行保湿保暖包装,根系蘸泥浆。春季栽植的苗木挖苗前1周浇水,挖苗后及时运输栽植,这是因为春季升温快,空气干燥,苗木易失水。

核桃嫁接苗木一般要求接合牢固,愈合良好,接口上下的苗茎粗度要一致;苗茎通直,充分木质化,无冻害风干、机械损伤及病虫危害;苗根的劈裂部分粗度在0.3cm以上时要剪除。根据国家标准,核桃嫁接苗的质量等级如表4-2所示。

表4-2 核桃嫁接苗的质量等级

项目 \ 等级		一级	二级
茎	高度 cm,≥	70	50
	粗度 cm,≥	1.5	1.2
	接合部愈合程度	充分愈合,无明显勒痕	
砧木(段)高度		30～50	20～50
主根长度 cm,≥		30	30
≥5cm 1级侧根数≥		25	20
根,干损伤		无劈裂,表皮无干缩	

二、苗木假植

对于不能立即外运或栽植的苗木进行假植的方法分为临时(短期)假植和越冬(长期)假植两种。临时假植的时间最多不得超过10d,只要用湿土埋严根系即可。后者则需细致进行,可选地势高燥、排水良好、交通方便和不易受牲畜为害的地方,挖沟假植。沟的方向应与主风向垂直,沟深1m,宽1.5m,长度依苗木数量而定。假植时,先在沟的一头垫些松土,将苗木斜排,呈30°～45°角,埋根露梢。然后再放第二排苗。依次排放,使各排苗呈错位排列。假植时,若沟内土壤干燥,应及时喷水。假植完毕后,要埋住苗顶。土壤结冻前,将土层加厚至30～40cm。春暖以后,要及时检查,以防霉烂。

三、苗木的包装和运输

（一）苗木的包装

根据苗木运输的要求，苗木应分品种和等级进行包装，包装前宜将过长的根系和枝条进行适当剪截，一般每20株或50株打成1捆，数量要点清，绑捆要牢固。并挂好标签，最好将根部蘸泥浆保湿。包装材料应就地取材，如稻草、蒲包、塑料薄膜等。

数量大，需要长途运输的，要先用保湿剂（保水剂＋生根粉＋杀菌剂）蘸根，再用塑料袋将根系包好；邮购或托运的，先将苗木整理好，标明数量、规格，装到塑料筒内，加上湿锯末或蛭石保湿，然后放到包装箱内，外套蛇皮袋，用打包机封好。

（二）苗木的运输

运输过程中，为防止核桃苗的根系失水受损，必须用篷布把车包好。需要长途运输的苗木，还需要加盖苫布，并及时喷水，防止苗木干燥、发热和发霉。严寒季节运输，注意防冻。到达目的地后应立即对苗木进行栽植或假植处理。

第五章　核桃建园与栽植技术

第一节　园地选择与规划

核桃建园必须进行全面规划、合理安排，按照适地、适树和品种区域化的原则，从园地选择、规划设计到苗木定植，按照低成本、高效益、安全生产标准严格执行。

一、园地的选择

核桃树寿命长，属喜光、喜温树种。在建园前应对当地气候、土壤、雨量、自然灾害和附近核桃树的生长发育状况及以往出现的栽培问题等，进行全面的调查研究，再根据调研结果与拟建园地点进行对比分析，确定建园地点是否合适。

园地选择和规划应重点考虑以下几个方面。

（一）标准化核桃园对生长环境的要求

进行核桃标准化园时，在建园地选择上，应对建园地的生长环境建立一个科学的评估体系，根据这一评估体系，对核桃的发展布局可做进一步地调整，鼓励向优生区倾斜。优生区的环境应符合以下要求。

1. 气候

经济栽培必须在气候适宜带建园，否则将事倍功半。核桃对气候具有较强的适应性，其栽培跨越北纬 21°～44°，东经 75°～124°。普通核桃在年平均温度 9～16℃，极端最低温度 －25～－2℃，极端最高温度 38℃以下的条件下适宜生长。漾濞核桃只适应于亚热带气候，年平均气温 12.7～16.9℃，最冷月平均气温 4～10℃，极端最低温度 －5.8℃。在这样广阔的区域内，生态条件差别很大。然而，核桃对适生条件却有着比较严格的要求，超出适生范围，虽能生存，但生长结实不良，不能形成产量，没有栽培意义。因此，建园地点的气候条件要符合计划发展的核桃品种生长发育对环境条件的要求。

2. 地形

总的要求是背风向阳，空气流通，日照充足。除浅山丘陵、坡缓土厚的地方外，在山区应选坡度较缓、土层较厚的坡脚、地堰为宜，山沟中建园应选有冲积土的谷坊坝内或两侧。从现有分布来看，溪边、河床两岸水源充足的地方为最佳。山坡较陡，土层较薄的中上部不宜栽植核桃。对坡向的选择，理论上认为阳坡、半阳坡为最好，但在光照充足，没有灌溉的条件下，半阴坡和阴坡上的核桃树则优于阳坡和半阳坡。坡度以 25°以下为好。

3. 土壤

核桃适合在沙壤土和壤土（厚度大于 1m）上种植，这些地方的土壤结构疏松，保水透气性良好。出现黏重板结的土壤或过于瘠薄的沙地会影响核桃的生长发育。

此外，土壤中氢离子浓度保持在 pH 7.0～7.5 是核桃的适应范围，也就说核桃生长的最佳土壤为中性或微碱性。

土壤含盐量宜在 0.25％以下，氯酸盐比硫酸盐危害更大，含盐量过高，可导致树体死亡。核桃喜钙，在石灰质土壤上生长良好。

4. 排灌

建园地点要有灌溉水源，排灌系统畅通，特别是早实核桃的密植丰产园应达到旱能灌，涝能排的要求。

核桃对土壤水分状况较为敏感，一旦土壤有旱情发生，根系吸收和地上部蒸腾就会出现状况，使正常的新陈代谢受到干扰，出现落花落果乃至叶片凋萎脱落现象。但是，如果土壤水分过多，或者积水时间较长，通气性受到抑制，根系呼吸就会受阻，严重时可使根系窒息、腐烂，影响地上部的生长发育，甚至死亡。

对于平地核桃园，主要面临的是排水问题，解决方法是保证核桃园的地下水位应在地表 2m 以下；山地核桃园则需要设置水土保持工程，以涵养水分。

5.重茬

在柳树、杨树、槐树生长过的地方栽植核桃，易染根腐病。核桃连作时，对生长亦不利。以下三种方法可以减轻重茬病的危害：

(1)种植禾本科农作物

刨掉核桃树后连续种植 2～3 年农作物(小麦、玉米)，对消除重茬的不良影响有较好效果。

(2)先行间错穴栽植大苗，2～3 年后再刨原树

主要原理是如果核桃根系有生活力时，土壤中的根系不会产生毒素，这时栽上大苗并不表现重茬症状，之后将原树刨去，对已形成较大根系的新栽小树，影响很小。

(3)挖大坑、清除根系、晾坑并栽大苗

若必须重茬的，也可采用挖大坑(至少 1m 见方)彻底清除残根，晾坑 3～5 个月，到第二年春季定植新苗，挖定植穴时与旧坑错开，填入客土等都有较好效果。在栽植时，栽大苗(如 2～3 年生大苗)比小苗影响小。加强重茬幼树的肥培管理，对提高幼树自身抗性也有一定效果。

(二)园地确定应具备的基本条件

核桃标准化园应符合以下条件，如图 5-1 所示。

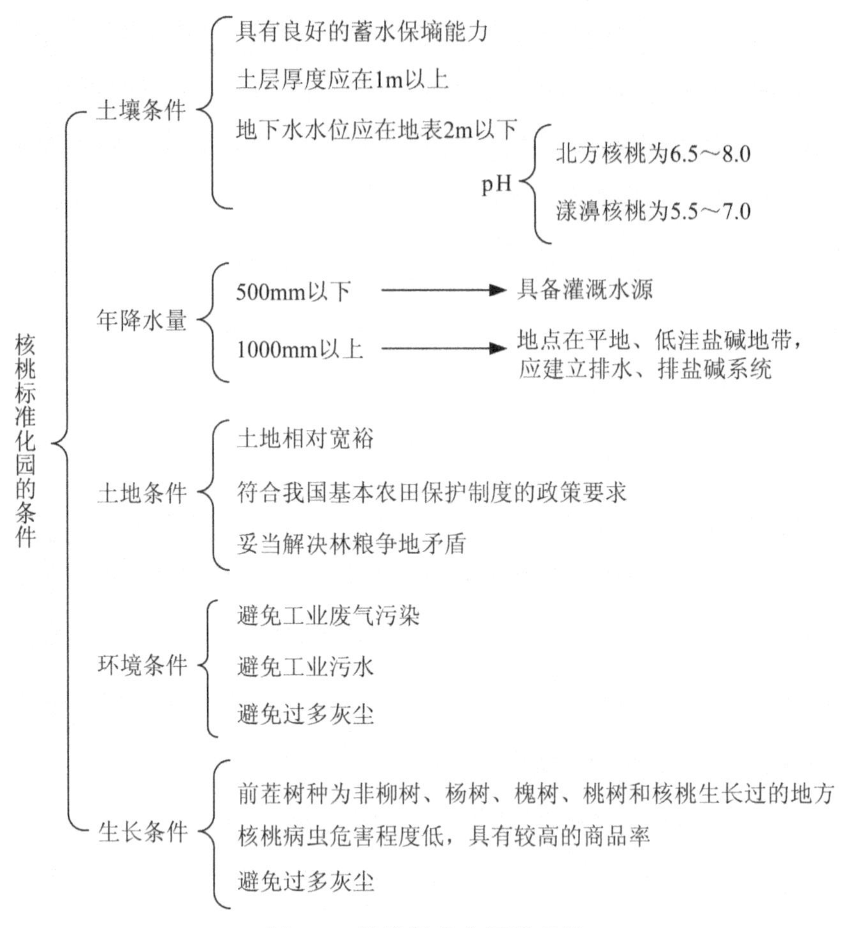

图 5-1　核桃标准化园的条件

除上述条件外，在园地选择时，下列条件也应予以考虑，如建园地点的交通运输条件，技术力量及产、供、销情况等。

二、园地规划设计

（一）规划设计的原则和步骤

我国的核桃多在山坡地栽植，山地具有空气流通、日照充足、排水良好等特点，但是山地地形多变、土壤贫瘠、交通和灌溉不方便。以前，核桃都是零星栽植，近年来随着机械化程度的提高，成片栽培逐渐增加，园地的选择和规划成为一项十分重要的工作。因此，在建园时应该提前进行规划。

1.规划设计的原则

(1)因地制宜，统一规划

在当地自然条件、物质条件、技术条件等因素的影响下，进行核桃园的规划设计时，应根据建园方针、经营方向和要求，因地制宜选择良种，依品种特性确定品种配置及栽植方式。

(2)有利于机械化的管理和操作

为了方便今后对核桃园实行机械化管理，在核桃园规划设计时还应充分考虑交通运输、排灌、栽植、施肥等因素。平原地可以采取宽行密植的栽培方式，这样有利于机械化操作。

(3)合理布局，便于管理

规划设计中应尽量做好小区、路、林、排、灌等的协调工作，节约用地，使核桃树的占地面积不少于85%。

栽植穴布点的株行距，应根据建园设计密度，以及栽植小区的地形地貌，力求做到整齐划一，便于机械作业和生产管理。

栽植穴布点在地势平坦、核桃园面积较大的地块时，不仅要“纵成行、横成样、斜成线”，又要使南北成行，充分利用光照。

栽植穴布点在地形复杂，坡面起伏，坡度较大的地块时，要以水平线为行轴，充分考虑水土保持工程措施和土壤改良等丰产栽培措施能够顺利实施和开展。

为便于管理，平原果园应将原地划分为若干个生产小区，山地果园则以自然沟、渠或道路划分。为了获得较好的光照和小区最好南北走向。果园道路系统的配置，应以便于机械化和田间管理为原则。全园各个小区都要用道路相互连接。道路宽度以能通过汽车或小型拖拉机为准。主防护林要与有害风向垂直，栽3～7行乔木。林带距核桃树要有间隔，一般不少于15m。

(4)设计好排灌系统，达到旱能灌、涝能排

在山坡、丘陵地建园，要多利用水库、池塘、水窖和水坝来拦

截地面径流储蓄水源,还可以利用地下水或河流的水进行灌溉。为节约水资源,生产上应大力推广滴管、喷灌等节水设施,这样还可以节约劳动力。核桃树不耐涝,在平原建园时,要建好排水系统。

2. 规划设计的步骤

(1)深入调查研究

建园前,必须对建园地点的基本情况展开详细调查,了解建园地的基本概况,以便在园地的规划设计中避免因不合理规划设计给生产造成损失。一般来说,参加调查的人员应具备果树栽培、植物保护、气象、土壤、水利、测绘等方面的相关技术水平,或者为农业经济管理人员。

调查内容包括以下几个方面,如图5-2所示。

(2)现场测量制图

对于面积较大或山地园区,还需要进行面积、地形、水土保持工程的测量工作。平地测量工作较为简单,测量工具以罗盘仪、小平板仪或经纬仪为主,以导线法或放射线法将平面图绘出,标明突出的地形变化和地物。山地测量还需要进行等高测量,以便修筑梯田、撩壕、鱼鳞坑等水土保持工程。

规划设计和园地测绘完以后,按核桃园规划的要求,根据园地的实际情况,对作业区、防护林、道路、排灌系统、建筑用地、品种的选择和配置等进行规划,并按比例绘制核桃园平面规划设计图。

(二)不同栽培方式建园的设计

建园包括小区设置、排灌系统、道路系统、建筑物、防护林等。

1. 小区设置

(1)小区的划分

为便于作业管理,面积较大的核桃园可划分成若干个小区。

小区是组成果园的基本单位，它的划分应遵循以下原则。

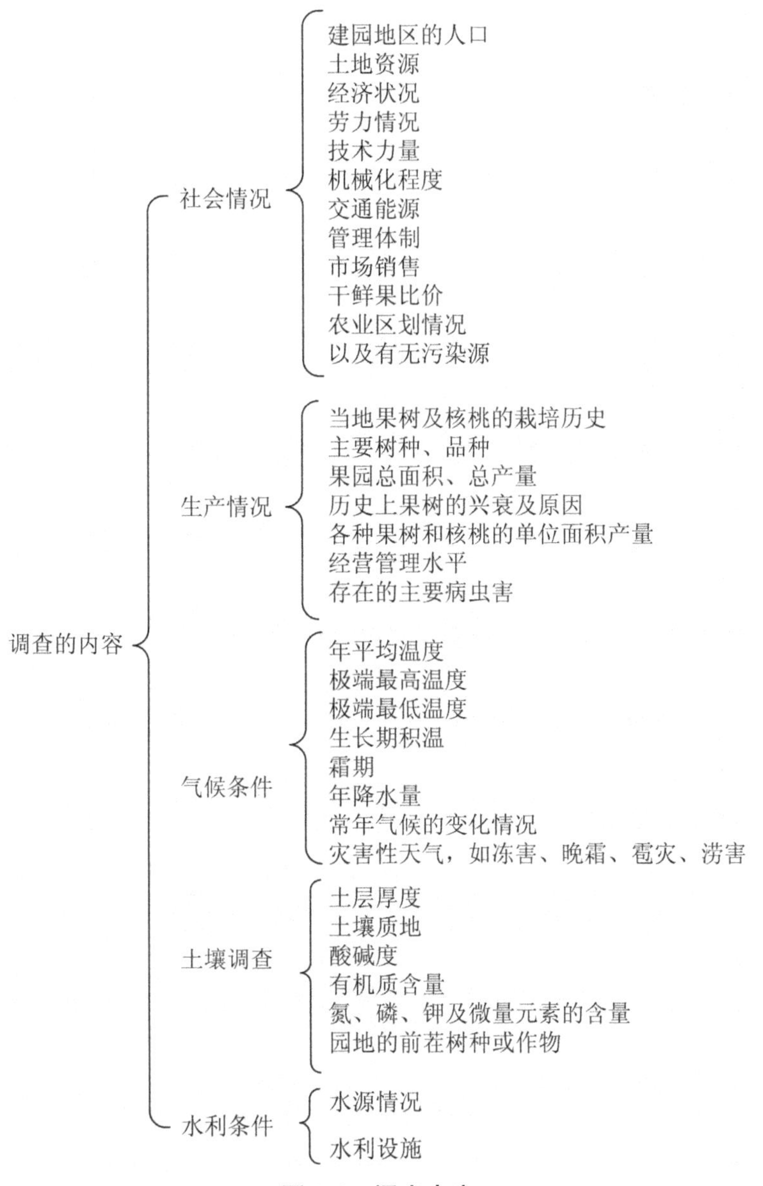

图 5-2 调查内容

①在同一个小区内，土壤、气候、光照条件基本一致。

②便于防止果园土壤侵蚀。

③便于果园防止风害。

④有利于机械化作业和运输。

(2)小区的面积

平地果园可大些,以30～50亩为宜,低洼盐碱地以20～30亩为宜(排碱沟),丘陵地区以10～20亩为宜,山地果园为保持小区内土壤气候条件一致,以5～10亩为宜。整个小区的面积占全园的85%左右。

(3)小区的形状

小区的形状以长方形为好,便于机械化作业。平原小区长边最好与主害风的方向垂直,丘陵或山地小区的长边应与等高线平行,这样的优点很多,如便于灌溉、运输、防水土流失、气候一致。小区的长边不宜过长,以70～90m为好。

2.排灌系统

(1)灌水系统的规划

果园的灌水系统包括蓄水、输水和灌水三个方面。

在果园中设置灌溉系统时,要根据地形、水源、土质、蓄水、输水和园内灌溉网进行规划设计。灌溉系统包括水源(蓄水和引水)、输水和配水系统、灌溉渠道。

1)蓄水引水

平原地区的果园以地下水作为灌溉水源,地下水位高的地方可筑坑井,地下水位低的地方可设管井。若果园附近有水源,也可选址修建小型水库或堰塘,以便蓄水灌溉,如有河流时可规划引水灌溉。

2)输水系统

输水系统的主要作用是将水从引水渠送到灌溉渠口。果园的输水和配水系统包括干渠和支渠。设计上必须做到以下几点。

①位置要高,便于大面积灌水。干渠的位置要高于支渠和灌溉渠。

②要照顾小区的形状,并与道路系统相结合。根据果园划分小区的布局和方向,结合道路规划,使渠与路平行。为节省材料,

减少水分的流失，要尽量缩短输水渠道距离。输水渠道最好用混凝土或用石块砌成，在平原沙地，也可在渠道土内衬塑料薄膜，以防止渗漏。

③保持输水渠内水流的合理速度，一般干渠的适宜比降在0.1%左右，支渠的比降在0.2%左右。

3)灌水渠道

灌溉渠道与输水渠紧接，将水分配到果园各小区的输水沟中。输水沟可以是明渠，也可以是暗渠。无论平地、山地，灌水渠道与小区的长边一致，输水渠道与短边一致。

山地果园设计灌溉渠道时与平原地果园不同，要结合水土保持系统沿等高线，按照一定的比降构成明沟。明沟在等高撩壕或梯田果园中，可以排灌兼用。

有条件的果园可以将灌溉渠道设计成喷灌或滴灌。

(2)排水渠道的规划

排水系统的作用是防止发生涝灾，促进土壤中养分的分解和根系的吸收等。排水技术有平地排水、山地排水、暗沟排水三种。

①平地排水。平地核桃园排水系统由排水沟、排水支沟和排水干沟三部分组成。一般可每隔2～4行树挖一条排水沟，沟深50～100cm，再挖比较宽、深的排水支沟和干沟，以利果园雨季及时排水。

②山地排水。靠梯田壁挖深35cm左右的排水沟，沟内每隔5～6m修一个长1m左右的拦水土埂，其高度比梯田面低10cm左右的“竹节沟”。在其出水口处，挖长1m，深、宽各60cm的沉淤坑，再在其上面修个石沿，称“水簸箕”，以免排水时冲坏地堰。

③暗沟排水。排水在解涝地的地面以下，用石砌或用水泥管，构筑暗沟，以利排除地下水，保护果树免受涝害。

3.道路系统

分主路、干路和支路。主路应贯穿全园，并与园外的交通线相连，便于果品和肥料运输。山区道路应是“环山路”或“之”字形路。主路宽6～8m，能对开运输车；干路与主路相通，围绕小区，作为小区的分界线，路宽4～6m，能单向开主要运输工具；支路在小区内，作为作业道，通过次要交通工具。

4.建筑物

包括管理用房、车库、药库、农具库、包装场、果库及养殖场（设在下风口），应设在交通方便的地方，占整个园区面积的3%。为了建立高效益现代化的中大型果园（100亩以上），还应做出养殖场的规划，实行果、牧有机结合的配套经营。

5.防护林

（1）防护林的作用

①有效降低风速，防止风速过大带来危害。

②有效减轻霜害、冻害带来的危害，提高坐果率。在易发生果树冻害的地区，设置防护林可明显减轻寒风对果树的威胁，降低旱害和冻害，减少落花落果，有利果树授粉。

③调节温度，增加湿度。据调查，林带保护范围比旷野平均提高气温0.3～0.6℃，湿度提高2%～5%。

④减少地表径流，防止水土流失。

（2）防护林带的结构

防护林带可分疏透型林带和紧密型林带两种类型。

①疏透型林带。中间栽植乔木，两侧栽植少量灌木，使乔灌之间有一定空隙，允许部分气流从中下部通过。大风经过疏透型林带后，风速降低，防风范围较宽，是果园常用类型。

②紧密型林带。由乔灌木混合组成，中部为4～8行乔木，两侧或在乔木下部，配栽2～4行灌木。林带长成后，上下左右枝叶密集，防护效果明显，但防护范围较窄。

（3）防护林树种的选择

防护林树种的选择，应满足以下条件。

①生长迅速、树体高大，枝叶繁茂，防风效果好。灌木要求枝

多叶密。

②适应性强，抗逆性强。

③与果树无共同病虫害，不是果树病害的寄主，根蘖少，不串根。

④具有一定的经济价值。

平原地区可选用构橘、臭椿、苦楝、白蜡条、紫穗槐等，山地可选用麻栗、紫穗槐、花椒、皂角等。

在建筑防护林时，应避开刺槐、泡桐等，因为它们是一些果树病害的潜隐寄主或传播体，如刺槐分泌出的鞣酸类物质对多种果树的生长有较大的抑制作用。

(4)防护林营造

①林带间距、宽度。林带间的距离与林带长度、高度和宽度及当地最大风速有关。风速越大，林带间距离越短。防护林越长，防护的范围越大。一般果园防护林带背风面的有效防风距离约为林带树高的25～30倍，向风面为10～20倍。主林带之间的距离一般为300～400m，副林带之间的距离为500～800m，主林带宽一般10～20m，副林带宽一般6～10m。风大或气温较低的地区，林带宽一些、间距小一些。

②林带配置和营造。山地果园主林带应选择在山顶、山脊以及山的亚风口处，与主要为害风的方向垂直。

副林带与主林带之间成垂直状，交互成网络结构。副林带常设置于道路或排灌渠两旁。地堰地边、沟渠两侧也要栽上紫穗槐、花椒、酸枣、荆条、皂角等，以防止水土流失。

平地果园的主林带也要与主要为害风的风向垂直，副林带与主林带相垂直，主副林带构成林网。平地果园的主、副林带基本上与道路和水渠并列相伴设置。平地防护林系统由主、副林带构成的林网，一般为长方形，主林带为长边，副林带为短边。在防护林带靠果树一侧，应开挖至少深100cm的沟，以防其根系串入果园影响果树生长。这条防护沟也可与排、灌沟渠的规划结合。

第二节 核桃建园、栽植方式与技术

一、直播建园

(一)土壤理化性能的改良

1. 黏土和沙荒地的改良

黏土地改良要深翻压沙或客土压沙、翻沙压黏。沙荒地需逐渐改造,通过种植绿肥,增加土壤有机质,通过营造防风林,防风固沙。

2. 盐碱土的改良

可灌水压盐、排水洗盐;也可在栽树前,先种一年或数年耐盐碱的植物,吸收土壤的盐分,以生物排盐法降低土壤中的盐碱。土壤深翻熟化,增施有机肥,增强抗性。

3. 平地土壤的改良

为了达到防碱、防涝的目的,需要对平整的土地进行改良,尤其是栽植穴,要作为重点改良对象加以整理。

平地土壤常用的改良方法有挖通壕和挖大坑两种。

(1)挖通壕

在确定建园地株行距后,以南北为行,开挖宽、深各 1m 的通壕。通壕开挖达到标准之后,先将秸秆和农家肥分层回填,再将表土(包括通壕两边)回填,最后将生土摊平。

挖通壕应在劳力、秸秆和农家肥充足,且有一定灌溉条件的区域大力提倡。

(2)挖大坑

在布点位置挖一长宽深为 1m×1m×0.8m 的大坑，注意表土与生土在挖坑时就要分开堆放，这样才能按原顺序一一回填。对于水源比较充足，灌溉便利的地方，在将秸秆、肥料回填后可再灌一次水，待回填物沉淀充分后，便可以进行栽植；对于水源偏少，或无灌溉条件的地方，挖坑和回填可选定在雨季前进行，当雨季过后，不仅能充分沉淀并腐熟回填物，而且坑内墒情良好，有效避免了新栽苗木出现“悬根”下沉现象，更有利于苗木的生长。

4.等高栽植和等高耕作

在缓坡地带、坡度不大、地形平缓的地方建园，树行沿等高线走向排列，耕作按行操作，避免顺坡耕，这样也能够有效地防止水土流失。

(二)定植前准备

1.整地

无论山地或平地栽植，均应提前进行土壤熟化和增加肥力的准备工作。平地核桃园在划分作业区的基础上，把地平整好，做好防碱防涝等工作。

2.定植点

核桃园定植整齐，便于管理。在定植前根据规划的栽植密度和栽植方式，按株行距要求，准确地测量好定植点，做好标记，严格按点定植。

3.定植穴

定植穴的直径和深度均应不少于 0.8～1.0m。土壤黏重或下层为石砾、不透水层的地块时，应加大、加深定植穴，并采用客土、增肥、填草皮土或表层土等办法，对土壤情况进行改良，促进根际土壤熟化,为根系生长发育创造良好条件。

挖穴时应以栽植点为中心,挖成上下一致的圆形穴或方形穴(不要挖成上大下小的锅底形)。最好是秋栽夏挖,春栽秋挖,可使土壤晾晒,充分熟化,积存雨雪,有利于根系生长。严重干旱缺水的地方,蒸发量大,应边挖边栽以利保墒,这样可提高成活率。填土时可以先填入部分表土,再将挖出的土与充分发酵好的基肥混合后填入,基肥以腐熟好的厩肥为好,每个坑施入10～15kg,边填边踏实。填土至离地面约30cm时,将填土堆堆成馒头形,踏实,覆一层底土,保证核桃苗根系不直接与肥接触。填土后有条件者可先浇一次水后再栽树,使土沉实。

4.苗木处理

定植前,将苗木的伤根和烂根剪除,然后放在水中浸泡半天,或用泥浆蘸根保湿,能显著提高成活率。将苗木按品种分发到定植穴边。

二、移栽建园

多样气候和地形对发展核桃极为有利。应遵循因地制宜,适地适树,发展良种,科学栽培,注重效益等基本原则。

(一)苗木选择

选用嫁接壮苗对于建立优质高效核桃园十分重要。嫁接苗的选择符合标准后,如果苗木达不到健壮的要求,也会对核桃栽植成活率和商品性生产产生直接影响。因此,必须注重选用核桃壮苗及其保护措施。

①苗砧在20cm以下,嫁接接合处愈合牢固,直径在1cm以上,高度不少于60cm,有5个以上饱满芽。

②保证苗木有完整的根系,主根长度(通常要达到30cm以上)符合要求标准,侧根数量达5条以上,长度保证在20cm以上

即可。

③保证选择的苗木没有检疫病虫和风干、日灼、冻害等现象的发生。

④起苗前进行一次灌溉，保证水分渗透完全，起苗最好选择在无风的阴天，起苗后要遮住苗根，且随栽植随起苗。

⑤分级、分品种进行包装，每10株或20株1捆，蘸泥浆后用塑料袋套根，并用篷布封围，保证调运、装车、运输过程中，无风吹袭、不脱水分，卸车后立即栽植，当日栽不完要假植保护或放屋内用湿沙埋藏。

（二）品种选配

不同立地类型有最适宜的栽培方式和最优良的栽培品种。北方核桃栽培区有三类立地类型：

第一类为平川区。这一地区的交通、气候、土壤、灌溉条件较其他地区好，适合建立中等密度园。适宜栽培的品种有新新2号、温185、香玲、中林1号、中林3号、薄丰、薄壳香、阿扎343等。

第二类为低山丘陵区。这一地区的各种条件要比平川区差得多，但昼夜温差大，通风和光照条件好，有利于提高果实品质。可根据小地形建立集约化栽培园。适宜栽培的品种有中核短枝、辽宁1号、辽宁3号、辽宁4号、中林5号、西扶1号、陕核1号、陕核2号。

第三类为中山丘陵区。这一地区的栽培条件最差。一般海拔在1000m以上，坡度在20°以上，土壤有机质在0.8%以下，无霜期在160d左右，是栽培核桃最差的区域，在这类地区可选择晚实品种，密度不要过大，宜搞林粮间作。适宜栽培的品种有清香、西洛1号、西洛2号、礼品1号、礼品2号等。

栽培同时选用与雌先型品种花期一致、花期长、花粉多的雄先型品种等(表5-1)。保证授粉受精，提高坐果率。主栽品种和授粉品种比例按3∶1或5∶1隔行配置，便于分品种管理和采收。适宜在配的品种有阿扎343、辽核1号、香玲、薄壳香、中林

5号。

表5-1 主要核桃品种的适宜授粉品种

主栽品种	授粉品种
薄壳香、晋丰、辽核1号、新早丰、温185、薄丰、西洛1号、西洛2号	温185、阿扎343、北京861、新新2号
晋龙1号、晋龙2号、晋薄2号、西扶1号、香玲、西林3号	北京861、阿扎343、鲁光、中林5号
北京861、鲁光、中林3号、中林5号、阿扎343	晋丰、薄壳香、薄丰、晋薄2号
中核短枝、中核1号、中核2号、中林1号	香玲、辽核1号、中林3号、辽核4号

（三）栽培密度

核桃树栽植密度因立地条件、栽培品种和管理水平的不同而有所差异。核桃树具有喜光、生长快、成形早，经济寿命长的特点，可以适当进行密植。

确定栽植密度后，基于经济和便于耕作的原则，在选择品种时应充分考虑其生物学特性。

核桃树栽植常用的方式有长方形栽植、正方形栽植、三角形栽植、等高栽植、带状栽植、计划密植等。在土层深厚，肥力较高的条件下，以3m×5m、5m×6m或6m×8m的行距为最佳；早实核桃的结果较早，树体较小，可按先密后稀采用3m×(4～5)m株行距定植，当树冠郁闭导致光照不良情况出现时，再隔株间伐，再郁闭时，可再次间伐，以此类推，直到达到最佳效果。

1.农林间作栽培

间作栽培是指在农田或田边、地埂等处，采用小密度栽培核桃树，林中长期间作农作物模式。间作栽培具有保护农田、增加农作物产量的作用，属于农田防护林的组成部分。在对农作物管理时，间接起到管理核桃树的效果，便于林粮双丰收，既解决了群众的粮食问题,又可以增加经济收入。实践证明,这种种植方式比单纯种植农作物收益高。林木在农田中的配置方式各地有所不同,大体上可分为 3 种,一是采用大行距,正常株距配置。二是采用带状配置,带间有较大距离。三是株行距都加大,即所谓满天星式栽培。

林网式栽培根据栽培地区的地貌,可分为平地林网和山地林网。平地林网是平川地区林网式栽培,多采用单行种植,行距为 10m,株距为各树种的正常距离,行的走向为南北方向,树体应控制在尽可能不影响农作物生长的高度。

2. 普通园片式栽培

栽植密度确定后,便可结合当地自然条件和核桃树的生物学特性,采用以下普通园片式栽植方式(图 5-3)。

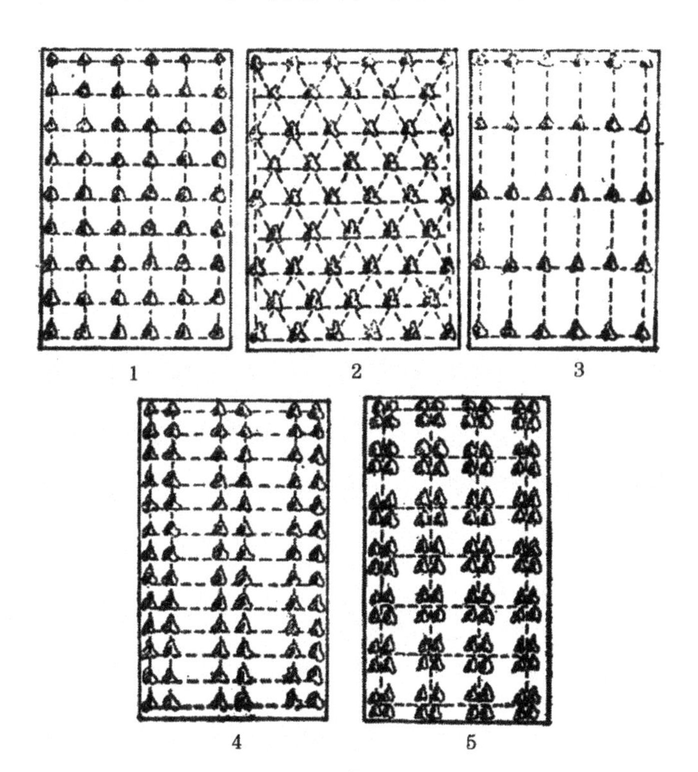

图 5-3 栽植方式

1—正方形栽植;2—三角形栽植;3—长方形栽植;4—双行栽植;5—丛植

3.矮密栽培

矮密栽培是世界经济林发展的趋势，近年来发展极为迅速。其优点：一是早收益、早丰产。二是产量高、质量好。三是可充分利用土地和光能。四是便于树体管理和采收。五是更新品种容易，恢复产量快。但矮密栽培对环境条件和栽培技术要求较高，适用于土壤肥沃、理化性质良好、有灌溉条件的地方建园。

矮密栽培分为计划性密植和矮化性密植两种。计划性密植，也称变化性密植。即初植时在普通园片栽培密度的基础上，在株间和行间加密，增加1～3倍数量的临时植株。采取措施，加强管理，使其尽早收益，在树冠相互交接前分年度间移临时植株，逐步达到永久密度。如早实核桃，为了提高早期产量，初植密度可加大到3m×4m，以后逐渐隔行隔株间移成6m×8m；矮化性密植，是指采用早实品种或矮化技术培养小冠树形，从而达到密植的目的。矮化性密植的密度因树种、品种、立地条件及树形不同有很大差异，从每公顷几百株至数千株不等。树形主要有小冠疏层形、纺锤形、圆柱形等。

（四）栽植时期

栽植核桃通常会选在春季土壤解冻后至萌芽前进行，高海拔寒冷多风地区多以春栽为主，这些地区若选择秋栽，则苗木易抽条或受冻。秋季栽植则多在落叶以后至地面上冻以前，冬季温暖不干旱地区多以秋栽为主。

相比于春栽，秋栽的植株的伤口及伤根愈合较快，翌春季发芽早而且生长壮，成活率普遍较高。

取出后放入栽植坑，迅速埋土。

（五）建园栽植步骤

栽植前要对苗木进行处理，挖坑用塑料垫底做成隔水层。

提高核桃的成活率（达95％以上）和保存率（达90％以上）是

建园栽植的核心，而要提高其成活率和保存率，关键是为新植苗木创造一个更有利的成活和保存的环境和条件，保证“栽实苗正、根系舒展”。

核桃建园栽植的方法可总结为“三埋、两踩、一提苗”。具体的实施步骤如下。

1.修根蘸浆、增墒保墒

对根系进行一次系统检查是核桃苗木定植前必不可少的一项工作。通过根系检查，将根系达不到标准的苗木和合格苗木进行分类，将不合格苗木弃用。对合格的苗木，定植前还需要对其根系进行修剪，剪除伤根、烂根，剪短过长和失水的茎根。完成修根工作后，将苗木放在水中浸泡 10～12h，为根系补充充足的水分。栽植前，配置生根粉（ABT）200～300mg/L、水及土壤和成的泥浆，将苗木在泥浆中浸泡 5～10min，取出后放入栽植坑，迅速埋土。浸根后不得长时间干燥根系，否则极大地影响成活率。

2.栽正栽实、根痕平齐

“三埋、两踩、一提苗”是果农在长期劳动过程中总结出来的方法，主要目的是通过分层、分次回填、踏踩，使定植苗木根系不仅舒展而且与土壤结合紧密。具体实施为：第一次埋土、提苗后再对回填土进行踩实；第二次、第三次先埋后踩。

栽植时，要先将苗木摆放在定植穴的中央，填土固定，力求横竖成行。苗木栽植深度以该苗原入土深度为宜，栽时要尽量保持根系的舒展性，使其均匀分布，边填土边踩实，并将苗木轻轻摇动上提，避免根系向上翻，与土壤紧密接触，一直将土填平、踩实。

当前对核桃栽植成活及栽后正常生长发育产生影响的主要是悬根漏气和窝苗。造成悬根漏气的原因主要是在回填过程中，分层回填和分层踩实工作没有做到位，使空气进入土壤，蒸发苗木根系水分，造成漏气伤苗；与悬根漏气相反，窝苗则恰恰是因为害怕根系失水，因此在栽植时，使苗木根痕低于地面大于 5cm，根系过深，通气性太差，致使呼吸出现困难，尽管栽后苗木的成活率比较高，但是生长缓慢、发育不良。

3. 浇水覆膜，巩固成果

完成苗木的栽植后，应在树的周围做树盘，充分灌水，待水完全下渗后，在其上覆盖一层松土，并覆盖一层 1m 见方的地膜，中间略低，四周用土压紧，这样不仅可以保墒、提高地温、防治虫害、抑制杂草，提高成活率，同时还可以促进苗木快速发芽、生长旺盛。

栽后及时进行浇水和覆膜是标准化建园工作中，巩固栽植成果的主要技术措施。

栽后浇水俗称“封根水”，通过浇水不仅能使苗木根系土壤墒情得到显著增加，而且浇水后由于产生沉淀作用，也可以促进土壤与苗木根系之间的结合更加紧密。

北方地区春季风大，空气湿度小，为确保缓苗期土壤墒情持续良好，可通过覆膜来达到保墒、提高地温的效果，促使新栽幼苗根系恢复和生长。

覆膜的规格为 1m×1m 的农膜。其四周用土盖严实，并减少土壤截光面，膜中与苗木用土封盖，并略低于外侧，以利降雨从膜中下渗到苗木根系补充水分。进入夏季高温天气，还应对覆膜情况及时进行复查，避免农膜互相缠绕导致对根颈部的灼伤。

（六）其他建园方式

1. 实生苗建园

核桃实生苗建园，是在选定的园址上，经过规划、整地、挖穴或肥培树穴，先栽植核桃实生苗，成活后再嫁接成核桃园。实生苗建园适合经济条件差、荒山荒坡和寒冷地区应用。前些年，由于核桃苗价格高，一些贫困山区大面积栽植实生核桃苗，既省去了购买嫁接核桃苗的资金，缩短了核桃育苗时间，又提高了核桃栽植成活率,加快了核桃产业的发展速度。具体做法:秋季在规划的核桃园定植点栽植核桃实生苗,栽植后浇透水,栽培 30cm 高的土堆越冬。翌年春季将土堆扒开,定干、浇水保活,6 月新梢生长量达 50～60cm 时进行芽接。也可在实生苗生长 2～3 年后进行枝接换头。这种建园方式节约成本,但成园较慢,增加了管理程序和用工。

2. 坐地苗建园

在整理好的栽植坑内直接播种核桃种子,先培育核桃实生苗,再嫁接成优良核桃品种树。这种建园方式可以省去育苗环节,而且核桃树主根发达,根系发育好,适用于经济条件差、干旱缺水地区和造林困难的地块。直播地的条件一般比较差,播种前核桃种子一定要催芽,播种时浇透底水,保证出苗整齐和生长旺盛。直播的核桃种子易遭鼠兽盗食,幼苗易受金龟子等害虫危害,直播砧木苗(坐地苗)建园要注意以下几个环节。

第一,坐地苗建园应前一年秋季整地、培肥。每亩施农家肥 3～5t,深翻。

第二,第二年春季施尿素及二铵等肥料整地,耙平。按照设定好的株行距铺膜,播种时间以春季(西北地区 4 月上中旬)最好。

第三,播种方法是在提前铺好的膜上用小铲挖深度 8～10cm 左右的浅坑,在铲子底部摆入已催过芽的种子(缝合线与地面垂直),抽出铲子,取土盖紧薄膜口,拍紧实。注意种子株行距。可以采用两种模式:①以圃代园模式:株距 20cm,可以在第二年移栽砧木,或者嫁接后第三年春季(第二年秋季)移栽嫁接苗;②直播建园,按照固定株进行播种,行家采用间作模式。

第四,幼苗出土后要及时松土、除草和防治病虫害,尤其要注意防治金龟子、地老虎等地下害虫,以免危害刚出土的幼苗,造成直播失败。缺苗多的可以移栽补植或另建新园。进入冬季要趁墒追肥 1～2 次,每次每穴施尿素 0.15kg。第二年春季贴地平茬,待新梢长至30～50cm时(6月)嫁接(嫁接高度40～50cm)。土壤立地条件差的地方,也可在苗木生长2～4年后在分枝上进行多头高接。

3. 大树改接建园

对现有的不结果核桃大树可通过高接换头,直接改造成优良品种核桃园,提高经济效益。可选择坡度比较缓和、植被好、土层深厚的阳坡或半阳坡上的核桃园,按确定的株行距定点选树,应选择生长健壮、无病虫害、便于嫁接的树。根据土壤立地条件和改接品种特性确定密度,将其余的核桃树和灌杂木砍除,并清除杂草。土层深厚、肥沃的可留密点,土层瘠薄可留稀点;嫁接早实品种可留密点,晚实品种可留稀点。一般掌握在行距4m左右,株距3m左右。

改接核桃树可用插皮舌接法和腹接法。树干直径在10cm以上、树形较好的,可在分枝处多头高接。一般在春季萌芽时,将选留的核桃树距地面60～80cm处锯断,削平锯口,在其上进行插皮接,树干较粗时多插接几个接穗,接穗应封蜡。也可在春季对选留的核桃树在分枝处或树干高50cm处锯断,削平锯口,待6月发出嫩枝后进行芽接。

改接后的核桃树应修筑树盘,深翻树盘内土壤,拣出石块、草根,以后逐年"放树窝子",结合施肥扩大树盘。核桃树改接后会从接口以下长出许多萌蘖,接穗成活后应及早抹除萌蘖,以集中养分促进接穗生长。嫁接失败未成活的,在砧木树桩上留2个生长健壮的萌条,在6月继续芽接。嫁接成活后,接穗萌芽长至30cm以上时应绑立柱,把新梢绑在立柱上防止风折或人、畜碰伤。改接后应注意刨树盘松土除草、追施肥料和防治病虫害,促进核桃树生长。

三、大树移栽

随着科技进步及生活、生产的需求,现在人们越来越重视核桃大树的移栽工作，这是快速成林或达到理想效果的一项有效措施，近年来，核桃树移栽成活率和规模档次也越来越高。

（一）大树移栽基本原理

1. 大树移植视如动物手术对待

核桃大树移植胸径应为 10cm 以上的树木，移植时要对树木进行截干断根(2/3)的枝干和根系应除去，即对树木进行大手术，伤口要平整，消毒敷药包扎，防冬处理、移后要进行输液打吊针，输入植物氨基酸及生长调节剂。

2. 大树水分养分收支平衡原理

大树根被切断后，吸收水分和养分能力严重减弱，甚至丧失，在新根长出前，支撑树干和部分枝叶蒸腾作用就是靠体外输入的液体。这样才能维持大树生命或促进其正常发育。

3. 树木与环境近似生境原理

大树近似生境原理指光、气、热、小气候和土壤、海拔等因子近似于树木生存环境的生态环境时，树木成活就好。反之，成活就受到影响。

（二）大树移栽基本措施

（1）大树的处理

选择无病虫害的大树作为移栽树。首先剪除 2/3 的枝干，留少许小枝条。挖大树时需要先挖根系土球，土球的直径是树木胸径的 5 倍左右。用利刀削平在起挖、运输过程中造成的伤口，并在伤口上涂抹保护剂。对于一些较大的伤口，涂抹保护剂后，还要用麻布包扎后再包裹薄膜。

（2）挖坑

挖坑塘工作是在大树移栽前进行的，坑的直径和深度不能小于1m×1m，通常要比土球大。施底肥、灌水，根据树的大小，在栽植前1～1/2d，将100～200kg农家肥、2～5kg磷肥与适量的肥土、表土拌匀后，一半回填在坑的底部，再覆盖5～10cm表土，用脚踩紧，灌透水，准备栽植。

(3)破损处理

在大树移栽时，对于机械破损，可以采取下列修复方法。

①利用数量薄膜进行包扎，避免破损，保证修复完成。

②利用药物进行修复。

③利用树皮假植进行修复，假植后进行包扎。

④对于枝干上因病、虫，冻、日灼或修剪等造成的伤口，首先应当用锋利的刀刮净削平四周，使皮层边缘呈弧形，然后用药剂(2%～5%硫酸铜液，0.1%的升汞溶液，石硫合剂原液)消毒。修剪造成的伤口，应将伤口削平然后涂以保护剂，选用的保护剂要求容易涂抹，黏着性好，受热不融化，不透雨水，不腐蚀树体组织，同时又有防腐消毒的作用，如铅油、接蜡等均可。大量应用时也可用黏土和鲜牛粪加少量的石硫合剂的混合物作为涂抹剂，如用激素涂剂对伤口的愈合更有利，用含有0.01%～0.1%的α萘乙酸膏涂在伤口表面，可促进伤口愈合。

(4)栽植

粗大的侧根尽量留长，根系伤口修剪平齐按大树原生长的方向将其放入坑中央，扶正树干，将另一半肥土回入塘中，边回边踩紧土壤。

在回土高于地面15cm左右时，在坑的外围做一个边高中低的土盘，再浇透水(≥100kg)。

栽植的深度不易过深过浅，通常以浇水土壤落实后，原土痕与地表平齐为准。对暂时不能栽植的，可进行假植。假植时可将土球、树干用松土、草席覆盖，喷水保湿。

(5)输液

对移栽树进行输液，需要用大树移植专用营养液。扶正放土，浇水、输液、每隔10d满浇一次水。

(6)设支架

将树干缠草绳,支撑固定架,每隔7d利用晚上用喷雾器向树干喷一次营养液,以补充白天蒸腾作用失去的水分,促进新枝芽尽快发出,带动树体内导管、筛管树液流动,以利于恢复树势。

为防树木倾斜,在树周设三角形支架支撑保护。

大树移栽注意事项:

①断根时挖环状沟的直径稍大一些,多保留根系。

②断根促根的时间长一些。

③枝条修剪的强度大一些。

④起挖时,边挖边除土壤,不要过多损伤根系。

⑤在根系集中的主根部位保留适量的护心土。

应立即用泥浆对挖起的大树进行蘸根处理,并用湿草席或塑料布包严根系,迅速运至栽植地点栽植。

对大树进行蘸根,要用泥土混合少量的磷肥、生根粉和水,均匀搅拌后,蘸满所有树根。栽植时,要将根系内填满土、踩紧,肥料主要施放在坑底。

第三节 栽植后管理

一、直播建园的管理

(一)优良品种嫁接

管理精细的核桃园会选择在第2年春季进行枝接,在主干距地面5~10cm处剪砧枝接保留一个砧木萌芽及时抹除其余萌芽供夏季嫩枝芽接或嫩枝枝接。每年的5月下旬至7月上旬,核桃砧木上的新枝条长度达到30~50cm时,采用嫩枝方块芽接或嫩枝枝接,嫁接以优良早实核桃品种(如温185、新新2号元丰等)为主。经多年观察，以每年 6 月上中旬为嫁接的最佳时期，秋季木质化好、枝条充实等。

芽接，即摘除剩余叶片及腋内所有枝芽，只在嫁接部位以上留 1 片复叶剪砧，接后 7d 左右为其观察期，可对嫁接的成活情况进行观察，并及时补接。嫁接成活 20～30d，当新梢长至 30cm 时，留 10cm 剪去芽前的 2 片复叶，将嫁接时用到的塑料薄膜解除，促进新梢的生成，同时顺着新枝条生成的方向绑缚支架，防止大风将新梢刮折。在秋季保留萌芽 40～50cm（8 月中旬左右）摘心，并喷施 300 倍的磷酸二氢钾 3～5 次，促进老化，安全越冬。

（二）直播建园的滴灌技术

滴灌技术是一种重要的节水节肥技术，作为一种先进的灌溉技术，滴灌比较容易实现自动控制，能有效节约农田灌溉用水。它是将具有一定压力的水经过过滤后，以水滴的形式通过管网、出水管道或滴头均匀缓慢地滴入农作物根部的土壤滴灌技术，还能实现水肥一体化的模式，具体来说，其是通过配置合适的施肥罐，形成完善的灌溉施肥系统，再把肥料融入灌溉水中，最后施入农田。这种方式转变了大水漫灌式的灌溉方式，形成浸润式渗灌，使单一的灌溉变成了浇营养液。同时，改变了传统的农业灌溉方式，大大改善了水肥利用率。由于我国南北气候差异大，在使用滴灌技术时一定要遵循因地制宜的原则，切勿盲目跟风。

核桃每年要进行 3 次灌水，每次灌水量约为 $225m^3$，需水量在 $750m^3/hm^2$ 左右。核桃苗的种植前后要进行 5 次灌水，其中前 2 次需灌水 $150m^3/hm^2$，第 3 次和第 4 次分别灌水 $375m^3/hm^2$ 和 $525m^3/hm^2$，第 5 次灌水约 $600m^3/hm^2$；核桃苗一年需水量为 $1995m^3/hm^2$。在选择滴灌水源时，要根据核桃林与核桃苗在需水量及灌溉次数的不同来选择合适的水泵型号和足够水量的水源井或地表水，再将水源通过铺设的输水管道引入蓄水池。

要将管理房和调节蓄水池建在分水处，并在管理房中装置过滤器、施肥罐。不施肥时，水会直接流经调节池；施肥时，水则会经系统过滤后流入调节池，然后从调节池取水，再依靠重力流通经过主管和输配水系统进行灌溉。

核桃林的灌水器应选8L的稳流器，滴头的平均间距控制在2m，滴管带要一管一行沿着种植方向布置，间距控制在4m。核桃苗应选内镶式滴灌带的灌水器，滴头平均间距控制在0.3m，滴灌带要一管两行沿着种植方向布置，并将间距控制在0.7m。

采用膜下滴灌技术的，要在播种后按种子5m的行距覆膜（宽80cm），并根据覆膜铺设滴灌系统。

滴灌系统的具体要求为总管直径25cm，在地块的短边地头深埋1.5m以下；干管直径15cm，干管与总管要求垂直铺设，干管之间的间距要求80～100m，深埋1.2m以下；支管直径10cm，支管与干管要求垂直铺设，支管与支管之间间距要求40～50m，深埋40～50cm；地表毛管直径2cm，按核桃的实际种植株行距进行铺设，其中滴水孔要与核桃的播种穴位点相一致。

由于核桃出芽率不是很高，播种时覆土比较厚，出苗期长达一个月，为了确保土壤的墒情，每隔两周左右要特意为核桃种子进行滴灌2～3次，5—7月是苗木生产需水需肥的重要时期，一般滴灌5次，滴灌时结合施肥2次。幼苗生长期间最好再追加根外施肥，并在6—7月用0.4%左右的尿素溶液喷洒2～3次促进叶片的生长，8月用0.5%的磷酸二氢钾溶液喷洒2次。此外，7月中旬后要停止施氮肥，以防后期生长过旺；8月底后要开始控制土壤水分，撤掉地膜滴灌，封冻前埋土防冻。待到秋天则要及时抹去秋梢，以保证幼苗能安全地度过冬天。

二、嫁接苗的移栽管理

（一）幼树冻害

核桃幼树枝条髓心大，含水量较高，抗寒性差，在北方比较寒冷干旱的地区，越冬后新梢表皮易皱缩干枯，俗称“抽条”，影响幼树树冠的形成。因此,在定植后的1～2年内,幼树需进行防寒。

1. 埋土防寒

在冬季土壤封冻前,把幼树轻轻弯倒,使其顶端接触地面,然后用土埋好,埋土厚度视当地的气候条件而定,一般为20～40cm。待翌年春季土壤解冻后,及时撤土,把幼树扶直。此法虽费工,但效果良好。据北京市农林科学院林果研究所3年试验证明,此法可有效地阻止抽条的发生。

2. 培土防寒

对粗矮的幼树,如果不易弯倒,可在树干周围培土,最好将当年生枝条培土埋严。幼树较高时不宜用此法。

3. 涂白防寒

幼树涂白,可缓和枝干阴阳面的温差,防寒效果较好,一般在土壤结冻前涂抹。涂白剂的配方是:食盐0.5kg、生石灰6kg、清水15L,再加入适量的黏着剂和杀虫剂。也可用石硫合剂的残渣涂抹幼树枝和干。

(二)幼树的整形修剪

核桃幼树期修剪的主要目的是培养适宜的树形,调节主、侧枝的分布,使各个枝条有充分的生长发育空间,促进树冠形成,为早果、丰产、稳产打下良好的基础。

定干和主、侧枝的培养等是幼树修剪的主要任务。此时修剪的关键在于做好发育枝、徒长枝和二次枝等的处理工作。

1. 幼树的整形

核桃树干性强,芽的顶端优势特别明显,顶芽发育比侧芽充实肥大,树冠层明显,可以采用主干疏层形、自然开心形和主干形,应根据品种、地形和栽植密度来确定。

(1)定干

树干的高低应该根据品种、地形、栽培管理方法和间作与否来确定。晚实核桃树结果晚、树体高大,主干应留得高一些,在1.5～2.0m。如果株行距较大,长期进行间作,为了便于作业,干高可留在2.0m以上;如考虑到果材兼用,提高干材的利用率,干高可达3.0m以上,早实核桃由于结果早,树体较小,干高可留得矮一些;拟进行短期间作的核桃园,干高可留1.2～1.5m;早期密植丰产园,干高可定为0.8～1.2m。

(2)树形的培养

核桃树可以采用主干分层形、自然开心形和主干形,树形可根据品种、地形和栽植密度来确定。具体的整形方法请参照本章第三部分。

2.幼树的修剪

在完成对幼龄树的整形工作后,通过修剪,继续培养和维持良好的树形。对3～4年生以前的幼树,只将中央干生长的竞争枝剪除即可,尽量做到多留枝少短截,当苗干达到一定高度时,可根据树形要求,进行适当修剪,促使其在一定的部位分生主枝,形成丰产树形。

在核桃处于幼树时期,应对背后枝、过密枝和徒长枝,增强主枝予以及时控制,及时疏除非骨干枝、强枝和徒长枝等可能会对幼树主枝产生竞争关系的枝条。

(1)主枝和中间主干的处理

主枝和侧枝延长头,为防止出现光秃带和促进树冠扩大,可每年适当截留60～80cm,剪口芽可留背上芽或侧芽。中间主干应根据整形的需要每年短截,剪口留在饱满芽的上方,这样可以刺激中间主干翌年的萌发,使其保持领导地位。

(2)处理好背下枝

进入春季,萌发较早的背下枝,生长旺盛,竞争力强,很容易使原枝头变弱而形成“倒拉”现象,不及时对这种情况加以控制,将会对枝头的发育造成影响，使原枝头枯死，树形紊乱。

可根据具体情况对背后枝进行处理，如果原母枝变弱或分枝角度较小，可利用背下枝或斜上枝代替原枝头，将原枝头剪除或培养成结果枝组；如果背下枝生长势中等，则可保留其结果；如果背下枝生长健状，结果后可在适当分枝处回缩，将其培养成小型结果枝；如果背后枝已经影响上部枝条的生长，应疏除或回缩背后枝，抬高枝头，促进上部枝的发育。

(3)疏除过密枝

早实核桃的枝量大，过密的枝条会阻碍通风透光，对树冠内各类枝条，应本着“去强去弱，留中庸枝”的原则，剪除紧贴枝条基部，不留橛，这样不仅可以防止抽生徒长枝，同时对剪口的愈合也十分有利。

(4)徒长枝的利用

因早实核桃的果枝率高，坐果率高，极易过度消耗养分，致使枝条干枯，从而刺激基部的隐芽萌发而形成徒长枝。

徒长枝通常在第二年都能抽枝结果，且果枝率高。这些结果枝的长势，由顶部至基部逐渐变弱，中、下部的小枝结果后第三年多数干枯死亡，出现光秃带，造成结果部位外移，容易造成枝条下垂。

为了克服上述这种弊病，可利用徒长枝粗壮、结果早的特点，对其进行短截，或夏季摘心等方法，将其培养成结果枯组，以充实树冠空间，更新衰弱的结果枝组。但是在枝量大的部位如果不及时控制，会扰乱树形，影响通风透光。这时应该从基部疏除。

(5)控制和利用二次枝

早实核桃具有分枝能力强，易抽生二次枝等特点。分枝能力强是早果、丰产的基础，对提高产量非常有利。但是，早实核桃二次枝抽生晚，生长旺，组织不充实，在北方冬季易发生失水、抽条现象，导致母枝内膛光秃，结果部位外移。因此，如何控制和利用二次枝是一项非常重要的内容。对二次枝的处理方法有如下几种：第一种，若二次枝生长过旺，对其余枝生长构成威胁时，可在其未木质化之前，从基部剪除；第二种，凡在一个结果枝上抽生3个以上的二次枝，可选留早期的1～2个健壮枝，其余全部疏除；第三种，在夏季，对选留的二次枝，若生长过旺，可进行摘心，以促其尽早木质化，并控制其向外伸展；第四种，如果一个结果枝只抽生1个二次枝，且长势较强，可于春季或夏季对其实行短截，以促发分枝，并培养成结果枝组。春、夏季短截效果不同，夏季短截的分枝数量多，春季短截的发枝粗壮。短截强度以中、轻度为宜。

(6)短截发育枝

晚实核桃分枝能力差，枝条较少，常用短截发育枝的方法增加枝量。早实核桃通过短截，可有效增加枝条数量，加快整形过程。短截对象是从一级和二级侧枝上抽生的生长旺盛的发育枝，作用是促进新梢生长，增加分枝，但短截数量不宜过多，一般占总枝量的1/3左右，并使短截的枝条在树冠内部均匀分布。

短截根据程度可分为轻短截(剪去枝条的1/3左右)、中短截(剪去枝条的1/2左右)和重短截(剪去枝条的2/3以上)。一般不采用重短截。剪截长度为枝长度的1/4～1/2，短截后保证可萌发3个左右较长的枝条。

通过短截可以有效地改变剪口芽的顶端优势，促进剪口部位新梢生长旺盛，促进分枝，提高成枝力。核桃树上中等长枝或弱枝则不宜短截措施，否则不仅起不到应有的优势，而且还可能刺激下部发出细弱短枝，刺激组织不充实，进入冬季还容易因日灼而发生干枯，对整体树势产生影响。

(三)移植当年核桃苗管理

1.除草施肥灌水

为了促进幼树的生长发育，应及时进行人工除草，施肥灌水及加强土壤管理等。

栽植后应根据土壤干湿状况及时浇水，以提高栽植成活率，促进幼树生长。栽植灌水后，也可用地膜覆盖树盘，以将土壤中水分的蒸发降低到最低。在生长季节，结合灌水情况，可适量追施化肥，前期以追施氮肥为主，后期以磷、钾肥为主；也可进行叶面喷肥。结果前应以氮肥为主，以促进树冠形成，提早结果。

2. 苗木成活情况检查及补栽

进入春季，待苗木萌发展叶，应对苗木的成活情况及时进行检查，发现未成活的植株，应及时补植同一品种的苗木。

3. 苗木防寒

秋栽苗木在冬季来临前，土壤尚未结冻，将其弯倒埋土或整树套塑料袋（直径为 20～25cm 的圆筒状），长度大于树高 7～8cm，并填满湿土。第二年在萌芽前将膜撤去、扒开土，放出苗木。

春栽苗木要注意春季大风，报纸做成一端封口的直径 2cm 左右圆筒状，套在主干上，或购买市售的防寒塑料袋。

4. 定干

及时对达到定干高度的幼树进行定干。品种特性、栽培方式及土壤和环境等条件，对定干高度的要求也不同。

①立地条件好的核桃树定干可以高一点。

②平原密植园，定干要适当低一些。

③早实核桃因其树冠较小，通常定干高度控制在 1.0～1.2m 最佳。

④晚实核桃因其树冠较大，定干高度控制在 1.2～1.5m 最佳。

⑤有间作作物时，定干高度为 1.5～2.0m。

⑥栽植于山地或坡地的晚实核桃，由于土层较薄，肥力较差，定干高度可在 1.0～1.2m。

⑦果材兼用型品种，为了提高干材的利用率干高可定在 3m 以上。

5.冬季防抽干

在冬季寒冷干旱地区，栽后2～3年的核桃幼树，经常发生抽条现象，因此要根据当地具体情况，进行幼树防寒和防抽条工作。

提高树体自身的抗冻性和抗抽条能力是防止核桃幼树抽条的根本措施。

①7月以前以施氮肥为主，7月以后以磷、钾肥为主，并适当控制灌水。

②8月中旬以后，应及时控制枝条旺长，增加树体的营养储藏和抗性，对正在生长的新梢进行多次摘心并开张角度或喷布1000～1500mg/kg的多效唑。

③入冬前灌1次冻水，提高土壤的含水量，减少抽条的发生。

④及时防止大青叶蝉在枝干上产卵危害。

在此基础上，对核桃幼树采取埋土、培土防寒，结合涂抹聚乙烯醇胶液（聚乙烯醇胶液的熬制方法：将工业用的聚乙烯醇放入50℃温水中，水与聚乙烯醇的比例1∶(15～20)，边加边搅拌，直至沸腾，等水沸后再用文火熬制20～30min，凉至不烫手后涂抹）。为减少核桃枝条水分的损失，避免抽条发生，也可在树干绑秸秆、涂白。

三、大树移栽的管理

大树移植是“三分栽，七分管”，在移植2年内日常护养很重要。

1.留足营养带，避免间作物争水、争肥、争光

要提高核桃园中土地的利用率，在核桃幼树期间作、套种是一项有效的措施。实施间作、套种首先必须要处理好与主业的关系，标准化建园栽植地块应避免在小麦地进行，避免因小麦收割后温度变化较大，致使幼树死亡；高秆作物和宿根系药材也是应

予以禁止的。薯类、豆科植物是套种，间作的最佳选择。为确保间作物不与幼树争水、争肥、争光，间作、套种必须在树行间留足1.5m营养带。

2.输液与浇水

每次浇水要慢渗、浇透，夏季早晚向树干每隔2d就应喷1次水。输液通常一周输完，过快过慢都不正常，应注意检查。

3.缠绳防晒保湿

缠草绳不能过紧、过密，以免影响皮孔呼吸导致树皮腐朽，待第二年秋应将绳解除。

4.抹芽除萌，避免养分浪费

砧木萌发新芽不仅会造成营养的浪费，抑制嫁接部位以上生长，而且可能导致嫁接部分以上出现死亡，产生不可挽回的损失。因此，对枝干上部长出无用的嫩芽应抹除，对于基部萌出的芽要及时清除。

5.防治冻害

北方寒冷地带，过冬时应用防寒编织带进行缠树或搭棚。再是用“冻必施”喷树干枝或全枝，保证大树及新长的嫩枝安全过冬。

6.土壤透气

良好的土壤通透条件，能促进根部伤口愈合和促生新根。有3种办法：第一，在单株外围斜放入5～7根PVC管，管上打许多小孔，以利于透气。第二，挖排水沟，对易积水的地方可横纵深挖排水沟。第三，挖环状沟填入沙或施入珍珠岩，改善土壤渗透性。

7.叶面追肥

在进行栽植时，都会在栽植穴内放入足够的肥料。但是，当年移栽的核桃大树，其根系尚未完全发育，此时采用根系追肥，可能达不到预期效果。每年5—7月是核桃的生长季节，可采取叶而施肥，以喷施0.3%尿素和磷酸二氢钾水溶液为宜，每隔半月喷施一次，连喷3～4次。

8.合理定干，促进成形

定干通常是对新建园来说的，新建的核桃园，为了达到成园整齐规划的目的，通常会按苗木等级和生长情况对其进行合理定干。

核桃新建园常用的定干方法有两种：当年定干和次年定干。

(1)当年定干

对园内生长健康的苗木，当其高度达到1m以上，且苗木定干部分充实，则可采用当年定干法，根据建园要求，定干高度控制在0.6～1.2m即可。

(2)次年定干

对于当年未达到定干要求高度的苗木，可在嫁接部位以上2～3个芽处进行重短截，短截造成的剪口一定要封严，防止感染。短截后要在发芽时及时定芽，一般情况下只要水肥充足，管理得当，第二年大部分苗木均可达到定植要求的高度。这种于次年进行定干的方法称为次年定干法。

9.加强中耕、除草，促进生长

每年6～8月是幼树快速生长的时期，也是杂草疯长时期，如果不加强管理，当年栽植的幼树很容易被杂草掩盖，影响苗木生长。

要促进苗木生长、保障建园成效，必须加强管理，及时松土、除草，避免草荒。

第六章　核桃丰产管理技术

第一节　核桃园地的土肥水管理

一、土壤管理

（一）翻耕熟化

深翻改土作为核桃园土壤改良的重要技术措施，不仅可以有效改善土壤的结构、减少病虫害发生，同时通过土壤深翻改土还能增加土壤的透气性，有利于根系分布向深处发展，扩大树体营养的吸收范围，提高土壤的保水保肥能力。

通常，每年或隔年采果前后对土壤实施一次深翻。深翻过程应尽量避开直径1cm以上的粗根，以免伤及根基，影响大树的生长。深翻时以树冠垂直投影边缘内外，挖成围绕树干深60～80cm半圆形或圆形的沟，然后在沟的底层放置表层土混合基肥和绿肥或秸秆，最后大水浇灌。

1.深翻时期

秋季深翻，核桃树地上部分生长缓慢，同化产物消耗较少且已开始回流积累。根系正值第二次或第三次生长高峰期，伤口容易愈合，也容易产生新根。深翻后经过漫长的秋冬期，有利于土壤风化和蓄水保墒，还可冻死越冬害虫。同时，通过灌水或降雪土壤下沉，可使土壤与根系接触更密切。春季深翻，核桃树根系即将萌动，地上部分尚处于休眠期，伤根容易愈合再生新根。早春深翻，可以保蓄土壤深层上升的水分，减少蒸发，深翻后及时灌水，可提高深翻效果。夏季深翻应在根系第二次生长高峰之后进行，深翻后正值雨季到来，土壤与根系紧密结合，不至于发生吊根和失水现象，湿润的土壤有利于根系吸收水分，促进树体生长发育。据调查，每平方米根系可增加 2 倍多，垂直分布较未深翻的深 1 倍左右，新梢和枝量也有明显增加。冬季深翻一般在核桃采收后，多结合果园基本建设进行，在冬季到来之前结束。深翻时将秸秆、杂草、修剪枝等废弃物用机械粉碎后填入坑底，可起到贮水保水和增加土壤有机质的目的。深翻后要注意及时回填，防止晾根和冻伤根。

2. 深翻深度

深翻深度与地区、土质、砧木等有关，原则是尽可能地将主要根系分布层翻松。核桃树枝干高大，枝叶繁茂，根系分布广而深，深翻深度一般要求 60～80cm。黏土地透气性差，深度应加大；沙土地、河滩地宜浅些。山地耕层以下为半风化的酥石、沙粒、胶泥板、土石混杂，深翻应打破原来层次，深翻时拣出沙粒、石块等。对土壤条件特别差的，应压肥客土，改善土壤结构。生产中深翻深度要因地、因树而异，在一定限度内，深翻的范围超过根系分布的深度和范围，有利于根系向纵深发展，扩大吸收范围，提高根系的吸收功能和可逆性。

3. 深翻方法

(1)扩穴深翻

在幼树栽植后的前几年，自定植穴边缘开始，每年或隔年向外扩挖，挖宽 1～1.5m 的环状沟，把土壤中的沙石、石块、劣土掏出，填入好土和秸秆杂草或有机肥。逐年扩大，至全园翻通翻透为止。

(2)隔行或隔株深翻

第一年深翻1行,留1行不翻,第二年再翻未翻的1行。

(3)全园深翻

除树盘下的土壤不再深翻之外,一次将全园土壤全都深翻,这种方法便于机械化作业。缺点是伤根多,面积大,多在树体幼小时应用。

(4)带状深翻

即在果树行间或果树带与带之间自树冠外缘向外深翻,适于宽行密植或带状栽植的果园。

生产中无论采用何种深翻方式,都应把表土与心土分开放置,回填时先填表土再填心土,以利于心土熟化。如果结合深翻施入秸秆、杂草或有机肥,可将秸秆、杂草施入底层,有机肥与心土混拌后覆盖于上层。深翻时要注意保护根系,尽量不伤或少伤根,直径1cm以上的根不可截断,同时避免根系暴露时间太久或受冻害。

(二)土壤浅翻

在土壤管理中,除搞好深翻改土外,每年要进行数次浅翻,一般在春、秋进行,秋翻深度为20～30cm,春翻可浅些,以10～20cm为宜。既可人工挖、刨,也可机耕。有条件的地方最好进行全园浅翻,也可以树干为中心,翻至与树冠投影相切的位置。

(三)果园清耕

对核桃园中的土壤进行管理时,还可以采用果园清耕的方式。对于少雨地区而言,适当的春季清耕有利于地温的回升。实施清耕的核桃园内通常不会种植其他作物,在生长季要对其进行多次中耕,秋季的深耕则主要是为了保持表土疏松无杂草。

尽管采用清耕法对微生物繁殖和有机物氧化分解有显著的促进作用,可以显著的改善和增加土壤中有机态氮素。但是,如果长期采用清耕法，在有机肥施入量不足的情况下，就会导致土壤中的有机质迅速减少，严重破坏土壤结构，在雨量较多的地区或降水较为集中的季节，还极易发生水土流失现象。中耕的时间和次数因气候条件和杂草量而定，一般每年进行3～5次。中耕深度以6～10cm为宜。

（四）生草栽培

除树盘外，在核桃树行间播种禾本科、豆科等草种的土壤管理方法叫作生草法。生草法在土壤水分条件较好的果园，可以采用。选择优良草种，关键时期补充肥水，刈割覆于地面。在缺乏有机质，土层较深厚，水土易流失的果园，生草法是较好的土壤管理方法。

生草后土壤不进行耕锄，土壤管理较省工。生草可以减少土壤冲刷，遗留在土壤中的草根，腐烂后可增加土壤中的有机质，改善土壤理化性状，使土壤能保持良好的团粒结构。在雨季草类吸收土壤中过多的水分、养分；冬季，草枯死，腐烂后又将养分释放到土壤中供核桃树利用，因此生草可提高核桃树肥料利用率，促进果实成熟和枝条充实，提高果实品质。生草还可提高核桃树对钾和磷的吸收，减少核桃缺钾、缺铁症的发生。

长期生草而没有进行有效管理的果园易使表层土板结，影响通气。草根系越强大，且在土壤上层分布密度越大，越容易截取渗透水分，消耗表土层氮素，因而导致核桃根系上浮，与核桃争夺水肥的矛盾加大，因此要加以控制。果园采用生草法管理，可通过调节割草周期和增施矿质肥料等措施，如1年内割草4～6次，每亩增施5～10kg硫酸铵，并酌情灌水，则可减轻与核桃争肥争水的弊病。

果园常用草种有三叶草、紫云英、黄豆、苕子、毛野豌豆、苦豆子、山绿豆、山扁豆、地丁、鸡眼草、草木樨、鹅冠草、酱草、黑麦草、野燕麦等。豆科和禾本科混合播种，对改良土壤有良好的作用。选用窄叶草可节省水分，一般在年降雨量500mm以上，且分布不十分集中的地区，即可试种。在生草管理中，当出现有害草种时，须翻耕重播。

（五）树下覆盖

树下覆盖包括覆草和覆盖地膜，是近些年发展起来的土壤管理新技术。

1. 覆草

可改良土壤，提高土壤的有机质含量，减少土壤水分蒸发，调节地温，抑制杂草等。覆草以麦草、稻草、野草、豆叶、树叶、糠壳为好，也可用锯末、玉米秸、高粱秸、谷草等。覆草一年四季均可进行，但以夏末、秋初为好，覆草前应适量追施氮素化肥，随后及时浇水或趁降雨追肥后覆盖。覆草厚度以 15～20cm 为宜，为了防止大风吹散草或引起火灾，覆草后要斑点状压土，但切勿全面压土，以免造成通气不畅。覆草应每年加添，保持一定的厚度，几年后搞一次耕翻，然后再覆。

2. 地布覆盖

具有增温、保温，保墒、提墒，抑制杂草等功效，有利于核桃树的生长发育。尤其是新栽幼树，覆膜后成活率提高，缓苗期缩短，越冬抗寒能力增强。早春时节是铺设地布的最佳时期，最好是春季追肥、整地、浇水，或降雨后趁墒覆膜。覆膜时，膜的四周用土压实，膜上斑斑点点地压一些土，以防风吹和水分蒸发。

（六）秸秆还田

将没有经过堆沤的作物秸秆直接翻埋于土壤中，可有效达到肥田增产的目的。施用新鲜秸秆还田改良土壤性状要比施用其他有机肥见效快，因为秸秆中含有较多的粗纤维，在土壤中能形成大量的活性腐殖质，容易和土粒结合，促进团粒结构的形成，而秸秆腐熟后施用常因腐殖质干燥变性，降低改土效果。秸秆还田能促进土壤微生物的活动，有利于土壤养分的积累和释放。

作物秸秆作为一种含碳丰富的能源物质，直接施入土壤，方便各种微生物从秸秆中获取养料，从而大量繁殖起来，这对于土壤中的养分积累、释放将会起到十分重要的作用。新鲜秸秆在分解过程中产生的有机酸，也有利于土壤难溶性养分的溶解和释放。

秸秆还田常采用沟施深埋，并结合施其他有机肥料，如圈粪、堆肥等。在树冠行间或株间挖深40～50cm、宽50cm的条状沟，开沟时将表土与底土分放两边，将事先准备好的秸秆与化肥、表土充分混合后埋于沟内，踏实，灌水即可，每亩还田秸秆400kg左右。

秸秆直接还田时，为解决核桃树与微生物争夺速效养分的矛盾，还可适当增施氮、磷肥。一般认为，微生物每分解100g秸秆约需0.8g氮，即每1000kg秸秆至少要加入8kg氮才能保证分解速度不受缺氮的影响。秸秆最佳的还田方式是粉碎后再施入，施后还需要及时浇水，促其加速腐烂分解，供微生物吸收利用。

二、施肥管理

（一）土壤中养分的特点

当前，果园土壤养分的特点是“两少”。

1.土壤中的有机质含量少

现在一般小于0.8%～0.9%，有的小于0.5%。而国外在3%左右，高者达5%。我国土壤有机质含量因不同地区而异。东北平原的土壤有机质含量最高达2.5%～5%，而华北平原土壤有机质含量低，仅在0.5%～0.8%。

2.土壤中的营养元素含量少

包括大量元素、微量元素，远远满足不了果树的需求。

（1）土壤中氮素含量

土壤中氮素含量除了少量呈无机盐状态存在外，大部分呈有机态存在。土壤有机质含量越多，含氮量也越高，一般来说，土壤含氮量为有机质含量的 1/20～1/10。我国土壤耕层全氮含量，以东北黑土地区最高，在 0.15%～0.52%，华北平原和黄土高原地区最低为 0.03%～0.13%。

(2)土壤中磷素含量

我国各地区土壤耕层的全磷含量一般在 0.05%～0.35%，东北黑土地区土壤含磷量较高，可达 0.14%～0.35%，西北地区土壤含磷量也较高，为 0.17%～0.26%，其他地区都较低，尤其南方红壤土含量最低。

(3)土壤中钾素含量

我国各地区土壤中速效钾含量为每百克土 40～45mg，一般华北、东北地区土壤中钾素含量高于南方地区。

从上述可以看出，由于各地自然条件差异很大，土壤中只能累积和储藏少量养分供应核桃生长发育的需要。要想获得优质、高产，就必须向土壤中投入一定数量的各种养分，因此，人工施肥是土壤养分的重要来源。

(二)肥料的种类

肥料可分为有机肥料和化学肥料两种。

1.有机肥料

有机肥料是有机物料经过堆积、腐熟而成，如厩肥、堆肥等常用作基肥。有机肥料能够在一定程度上改良土壤性质，同时还可以在较长时间内持续不断地为树体生长发育供给所需要的养分。

我国果园土壤有机质普遍偏低，大部分土壤有机质不足 1%。要提高土壤有机质主要依靠有机肥料的施用。有机肥料种类多、来源广、营养成分全面，是果园基础肥料。

有机肥料大多含有丰富的有机质、腐殖质及果树所需的各种大量和中、微量元素。由于其许多养分以有机态存在，其营养释放缓慢，但是肥效持久，要经过微生物发酵分解，才能为果树吸收利用。我国果园土壤中有机质含量严重不足，增加有机肥施用，不仅能供给果树各种元素，增加土壤肥力，还能改良土壤机构，改善根系环境。

(1)粪肥

粪肥通指人的粪尿及畜禽粪。粪肥中富含有机质和各种营养元素，其中人的粪尿中含氮量较高，肥效较快，常作为追肥、基肥使用，其中尤以基肥效果为最佳。人粪尿不能与草木灰等碱性肥料混合，以免造成氮素损失。畜粪的分解速度较慢，肥效明显要比其他粪肥迟缓得多，常用作基肥。常见的禽粪以鸡粪为主，其含有丰富的氮、磷、钾及有机质，常作基肥和追肥使用。新鲜鸡粪中的氮主要以尿酸盐类的形式存在，不能直接被植物吸收利用，因此，当使用鸡粪作追肥时，首先需要使其堆积腐熟。在鸡粪的堆积腐熟过程中，应作好盖土保肥工作，防止高温造成氮素损失。

利用人畜粪尿进行沼气发酵后再作肥料使用，既可提高肥效，又可杀菌消毒。

(2)土杂肥

炕土、老墙土、河泥、垃圾等统称为土杂肥，这些肥料含有一定数量的有机质和各种养分，有一定的利用价值，均可广泛收集利用。

(3)堆肥

堆肥的主要原料为秸秆、杂草、落叶等，将这些原料进行堆制，然后利用微生物的活动使之腐解。堆肥营养成分比较全面，富含丰富的有机质，是常见的迟效肥料，有促进土壤微生物的活动和培肥改土的作用，宜作基肥。

(4)绿肥

将苜蓿等绿肥植物刈割后，经过翻耕或沤制而成的肥料称为绿肥。绿肥中富含有机质及各种矿质元素，长期栽种绿肥不仅可以有效改良土壤质量，还可以提高土壤中有机质的含量。

沤制绿肥时，在已经铡成小段的鲜草中混入1%过磷酸钙[①]，

① 由100kg绿肥和1kg过磷酸钙混合而成。

肥和土相间的方式放入坑内，踏实，灌水，最上层用土封严，待腐烂后开环沟或放射沟施于树下。由于分解绿肥作物的微生物大多为厌氧型，因此，保证厌氧状态和一定的湿度才是绿肥沤制的最佳条件。

绿肥沤制若选择雨季，此时湿度大，可进行压青处理。压青时将刈割后的绿肥像施用有机肥的方法（在树盘外沿挖沟）压在树下土中，一般初果期果树压铡碎的鲜茎叶 25～50kg，也要混入1%过磷酸钙。压青时务必一层绿肥与一层土相隔（切忌绿肥堆积过厚，以免绿肥发生腐烂时发热烧伤根系）并加以镇压，湿度不够应灌水。

2. 化学肥料

化学肥料以速效性无机肥料为主，又叫商品肥料或无机肥料。化学肥料一般不含有机质并具有一定的酚碱反应，储运和使用比较方便。化学肥料种类很多，一般可根据其所含养分、作用、肥效快慢、对土壤溶液反应的影响等来进行分类。

按其所含养分可划分为氮肥、磷肥、钾肥和微量元素肥料。其中，只含有一种有效养分的肥料称为单质化肥，同时含有氮磷钾三要素中两种或两种以上元素的肥料称为复合肥料。

（1）氮肥

氮肥的品种比较多，常用氮肥有：

1）尿素[$CO(NH_2)_2$]

含氮量为 44%～46%，是固体氮肥中浓度最高的一种。储运时宜置于凉爽干燥处，防雨防潮。尿素为中性肥料，长期施用对土壤没有破坏作用。尿素的氮在转化为碳酸铵前，不易被土壤胶粒等吸附，容易随水流失，转化后，氮素易挥发散失；转化时间因温、湿度而异，一般施入土内 2～3 天最多半个月即可大部分转化，肥效较其他氮肥略迟，但肥效较长。尿素转化后产生的碳酸有助于碳素同化作用，也可促进难溶性磷酸盐的溶解，供树体吸收、利用。

尿素适于各种土壤，一般作追肥施用，注意施匀，深施盖土，施后可不急于灌水，尤其不宜大水漫灌，以免淋失。尤宜作根外追肥用，但缩二脲超过 2% 的尿素易产生毒害，只宜在土壤中施用。

2)硝酸铵(NH_4NO_3)

含氮量为 34%～35%，铵态氮和硝态氮约占一半，养分含量高，吸湿性强，有助燃性和爆炸性，储存时宜置凉处，注意防雨防潮，不要与易燃物放在一起，结块后不要用铁锤猛敲。为生理中性肥料。肥效快，在土壤水分较少的情况下，作追肥比其他铵态氮肥见效快，但在雨水多的情况下，硝态氮易随水流失。

硝酸铵适于各种土壤，宜作追肥用，注意“少量多次”施后盖土。如果必须用作基肥时，应与有机肥料混合施用，避免氮素淋失，以增进肥效。

3)硫酸铵[$(NH_4)_2SO_4$]

易溶于水，肥效快。为生理酸性肥料，施入土后，铵态氮易被作物吸收或吸附在土壤胶粒上，硫酸根离子则多半留在土壤溶液中，因此酸性土壤长期施用会提高土壤酸性，中性土壤中则会形成硫酸钙堵塞孔隙，引起土壤板结，因此，在保护地果树栽培中忌用此肥以防土壤盐渍化。宜作追肥，注意深施盖土，及时灌水。不能与酸性肥料混用，在石灰土壤中配合有机肥料施用，可减少板结现象。

4)氨水(NH_4OH)

含氮 16%～17%。挥发性强，有刺激性气味挥发出的氨气能烧伤植物茎、叶。呈碱性反应，对铜等腐蚀性强。储运时要注意防渗漏、防腐蚀、防挥发。可作追肥或基肥。施用时，应尽快施入土内，避免直接与果树茎、叶接触。可兑水 30～40 倍，开沟 10～15cm 深施，施用后立即覆土，也可用 50 份细干土、圈粪或风化煤等与 1 份氨水混合，然后撒施浅翻。

(2)磷肥

根据所含磷化物的溶解度可分为水溶性、弱酸溶性和难溶性等三类：水溶性磷肥有过磷酸钙等，能溶于水，肥效较快；弱酸性磷肥有钙镁磷肥等，施入土壤后，能被土壤中作物根系分泌的酸逐渐溶解而释放为果树吸收利用，肥效较迟；难溶性磷肥有磷矿粉、骨粉等，一般认为只有在较强的酸中才能溶解，施入土中，肥效慢，后效较长。

常用的磷肥有以下几种。

1)磷酸一铵

又称磷酸二氢铵，化学制剂，是一种白色的晶体，化学式为$NH_4H_2PO_4$，加热会分解成偏磷酸铵(NH_4PO_3)，可用氨水和磷酸反应制成，主要用作肥料和木材、纸张、织物的防火剂，也用于制药和反刍动物饲料添加剂。

作为肥料在作物生长期间施用磷酸铵是最适宜的，磷酸铵在土壤中呈酸性，与种子过于接近可能产生不良影响，在酸性土壤中它比普钙、硫酸铵好，在碱性土壤中也比其他肥料优越；不宜与碱性肥料混合使用，以免降低肥效。如南方酸性土壤要使用石灰时，应相隔几天后再施用磷酸一铵。

2)磷酸二铵

磷酸二铵也称作磷酸氢二铵、磷酸氢铵，是一种白色的晶体，分子式为$(NH_4)_2HPO_4$，溶于水，加热至155℃分解，但在室温下也有可能逐渐地分解释放出氨气，而形成磷酸二氢铵。

磷酸二铵是一种高浓度的速效肥料，适用于各种作物和土壤，特别适用于喜氮需磷的作物，作基肥或追肥均可，宜深施。

3)钙镁磷肥

钙镁磷肥又称熔融含镁磷肥，是一种含有磷酸根(PO_4^{3-})的硅铝酸盐玻璃体。主要成分包括$Ca_3(PO_4)_2$、$CaSiO_3$、$MgSiO_3$，是一种多元素肥料，水溶液呈碱性，可改良酸性土壤，培育大苗时作为底肥效果很好，植物能够缓慢吸收所需养分。

钙镁磷肥是灰绿色或灰棕色粉末，含磷量为12%～18%，主要成分是能溶于柠檬酸的α-$Ca_3(PO_4)_2$，还含有镁和少量硅等元素。镁对形成叶绿素有利(叶绿素分子的重要成分是$C_{55}H_{72}O_5N_4Mg$和

$C_{55}H_{70}O_6N_4Mg$)，硅能促进作物纤维组织的生长，使植物有较好的防止倒伏和病虫害的能力。

4)重过磷酸钙

重过磷酸钙适用于肥料，用于各种土壤和作物，可作为基肥、追肥和复合(混)肥原料。广泛适用于水稻、小麦、玉米、高粱、棉花、瓜果、蔬菜等各种粮食作物和经济作物。还用于玻璃制造，塑料稳定性，牲畜辅助饲料。

5)磷酸铵

磷酸铵是磷酸的铵盐，化学式为$(NH_4)_3PO_4$，它存在无水物和水合物，它们是无色晶体或白色粉末，易溶于水。

磷酸铵物理性好，吸湿性小，不易结块，可以长期储存；磷酸铵易溶于水，在25℃时每100g水可溶解41.6g磷酸一铵，72.1g磷酸二铵。磷酸铵是生产混合肥料的一种理想的基础肥料。磷酸铵中氮素为铵态氮，磷素几乎都是水溶态，适合于各种作物和土壤施用，应深施。宜作基肥和种肥施用。因磷酸铵的含磷量为含氮量的3～4倍，故除了豆科作物之外，施用时必须配施一定量纯氮肥。

6)过磷酸钙

含磷12%～18%，有吸湿性和腐蚀性，受潮后结块，呈酸性。不宜与碱性肥料混用，以免降低肥效。为水溶性速效磷肥，可作追肥用，但最好用作基肥。加水浸取出的澄清液可作磷素根外追肥用。

7)磷矿粉

由磷矿石直接磨制而成。为难溶性磷肥，有效磷含量不高，因此施用量要比其他磷肥大3～5倍，但后效较长，往往第二年的肥效大于第一年的肥效。为了提高磷矿粉肥效，最好与有机肥料混合堆沤后再施，或与酸性、生理酸性肥料混合施用。宜作积肥，集中深施。

(3)钾肥

常用的钾肥包括以下几种。

1)硫酸钾(K_2SO_4)

含氧化钾48%～52%,易溶于水。硫酸钾是一种生理酸性肥料,长期施用增加土壤的酸性,引起土块板结。硫酸钾常作为基肥或追肥使用。

2)氯化钾(KCl)

含氧化钾50%～60%,易溶于水,易吸潮结块,宜置高燥处储存。与硫酸钾具有近似的施用方法,但由于其含有氯,因此在盐渍土中不宜施用,也不宜在忌氯作物(马铃薯、烟草、葡萄等)上施用,在苹果上长期施用,会提高土壤酸性。

(4)复(混)合肥料

复(混)合肥料是指含有氮磷钾三要素中的两个或两个以上的化学肥料。它主要优点是能同时供应作物多种速效养分,发挥养分之间的相互促进作用;物理性质好,副成分少,易储存,对土壤不良影响也小。

复混肥料品种多,成分复杂,性质差异大。以下介绍几种常用的复合肥料和混合肥料的成分和性质。

1)硝酸磷肥

硝酸磷肥是一种深灰色的二元氮磷复合肥料,其有效养分含量为20-20-0和26-13-0两种。硝酸磷肥的主要成分是硝酸铵(NH_4NO_3)、硝酸钙[$Ca(NO_3)_2$]、磷酸一铵($NH_4H_2PO_4$)、磷酸二铵[$(NH_4)_2HPO_4$]、磷酸一钙[$Ca(H_2PO_4)_2$]、磷酸二钙($CaHPO_4$)。

硝酸磷肥呈中性,具有极强的吸湿性,存放不当容易出现结块现象。硝酸磷常作为基肥或早期追肥。肥料中非水溶性的硝态氮不被土壤吸附,若施在水田,极易随水流失,因此多以旱地为实施对象。对于严重缺磷的旱地,则应选用高水溶率(P_2O_5 水溶率大于50%)的硝酸磷肥。

2)磷酸铵

磷酸铵为二元氮磷复合肥料,是由磷酸二铵[$(NH_4)_2HPO_4$]和磷酸一铵($NH_4H_2PO_4$)混合而成。磷酸二铵养分为18-46-0,磷酸一铵养分为12-52-0。成品磷酸二铵中含有少量磷酸一铵。

磷酸铵是白色颗粒，易溶于水，呈中性，性质稳定，磷素几乎均为水溶性的。磷酸二铵性质较稳定，白色或灰白色，易溶于水，偏碱性，吸湿性小，结块易打散；磷酸一铵性质稳定，偏酸性，适于作基肥。因肥料中磷是氮的 3～4 倍，果树施用时要配合单元氮肥。磷酸铵是生产混合肥料的一种理想基础肥料。

3）磷酸二氢钾

磷酸二氢钾（KH_2PO_4）是二元磷钾复合肥料。工业上纯净的磷酸二氢钾中磷酸二氢钾的养分含量为 0-52-35，农用的为 0-24-27。农用的磷酸二氢钾多为白色结晶，易溶于水，吸湿性小，不易结块，溶液呈酸性反应（pH＝3～4）。由于磷酸二氢钾价格较贵，目前多用于叶面喷施。

4）硝酸钾

硝酸钾（KNO_3）也称钾硝石，俗名火硝，养分含量为 13-0-46，是一种低氮高钾的二元氮钾复合肥料。硝酸钾呈白色结晶体，吸湿性小，不易结块，副成分少，易溶于水，为中性反应。它含硝态氮，易流失。在高温环境下，硝酸钾一旦与易燃物接触易引起燃烧爆炸，储存时尽量予以注意。

5）铵磷钾肥

铵磷钾肥是一种三元氮磷钾混合肥料，由不同比例的磷酸铵、硫酸铵和硫酸钾混合而成，养分含量有 12-24-12（S）、10-20-15（S）、10-30-10（S）等多种。

铵磷钾肥的物理性状良好，易溶于水，易被作物吸收利用。它以作基肥为主，也可作早期追肥。为不含氯的混合肥料，目前主要用在烟草、果树等忌氯作物上，施用时可根据需要，选用其中一种适宜的养分比例，或在追肥时用单质氮肥进行调节。

6）硝磷钾肥

硝磷钾肥由硝酸铵、磷酸铵、硫酸钾或氯化钾等组成。养分含量一般为 10-10-10（S）、15-15-15（Cl）、12-12-17（S）等形式，是三元氮磷钾复合肥料。它是在制造硝酸磷肥的基础上，添加硫酸钾或氯化钾后制成。生产时可按需要选用不同比例的氮、钾。硝磷钾肥呈淡褐色颗粒，有吸湿性，磷素中有30%～50%为水溶性，为不含有氯离子的氮磷钾肥，如现在山东省推广的养分含量为12-12-17(S)-2(其中2为2%的镁)的产品，已成为果树产区的专用肥料，作为果树基肥和早期追肥，增产和提高品质的效果显著，每667m^{2}用量100～200kg。

（三）参考施肥量

核桃喜肥。据有关资料，每收获453.6kg核桃要从土壤中夺走纯氮12.25kg。适当多施氮肥可以增加核桃出仁率。氮、钾肥还可以改善核仁品质。但核桃在不同个体发育时期，其需肥特性有很大差异，在生产上确定施肥标准时，一般将其分为幼龄期、结果初期、盛果期和衰老期4个时期。

(1)幼龄期。从建园定植开始到开花、结果前均是核桃树的幼龄期。此期根据苗木情况不同，持续的时间也不同，早实核桃品种一般2～3年，如温185、新新2号等；晚实核桃品种一般3～5年，实生种植苗可在2～10年不等。此期间，根茎叶生长占据主导地位，树冠和根系快速地加长、加粗生长，为迅速转入开花、结果积蓄营养。栽培管理和施肥的主要任务是促进树体扩根、扩冠，加大枝叶量。此期应大量满足树体对氮肥的需求，同时注意磷、钾肥的施用。

(2)结果初期。此期是指开始结果至大量结果且产量相对稳定的一段时期。营养生长相对于生殖生长逐渐缓慢，树体继续扩根、扩冠，主根上侧根、细根和毛根大量增生，分枝量、叶量增加，结果枝大量形成，角度逐渐开张，产量逐年增长。栽培管理和施肥的主要任务是，保证植株良好生长，增大枝叶量，形成大量的结果枝组，树体逐渐形成。此期对氮肥的需求量仍很大，但要适当增加磷、钾肥的施用量。

(3)盛果期。此期核桃树处于大量结果时期。营养生长和生殖生长处于相对平衡的状态，树冠和根系已经扩大到最大限度，枝条、根系均开始更新，产量、效益均处于高峰阶段。此期，应加强施肥、灌水、植保和修剪等综合管理措施，调节树体营养平衡，防止出现大小年结果现象，并延长结果盛期时间。因此，树体需要大量营养，除氮、磷、钾外，增施有机肥是保证高产稳产的措施之一。

(4)衰老期。此期，产量开始下降，新梢生长量极小，骨干枝开始枯竭衰老，内部结果枝组大量衰弱，直至死亡。此期的管理任务是通过修剪对树体进行更新复壮，同时加大氮肥供应量，促进营养生长，恢复树势。

实际操作时，核桃园施肥标准需综合考虑具体的土壤状况、个体发育时期及品种的生物学特点来确定。由于各核桃产区土壤类型繁杂，栽培品种不同，需肥特性不尽相同，各地肥水管理水平差异较大，肥料以有机肥、果树复合肥用尿素、二铵、硫酸钾的混合肥，三种为主，有机肥应在果实采收之后同浇水结合(10 月上中旬)一次性开沟施入。水肥管理要坚持“前促后控”的原则，新疆南疆地区施肥参考标准见表 6-1。

表 6-1　新疆南疆地区施肥参考标准

时期	树龄		施肥量(有效)/株,kg			有机肥(kg)
			尿素(含 N 46%)	二铵(含 P 46%)	硫酸钾(含 K 50%)	
幼树期	2～5	春季	0.1～0.3	0.1～0.5	0.1～0.4	15
		夏季	0.1～0.3	0.1～0.5	0.1～0.4	
初结果期	6～10	春季	0.4～0.7	0.5～1.2	0.5～0.8	30
		夏季	0.4～0.7	0.5～1.2	0.5～0.8	
盛果期	11～15	春季	0.8～1.0	1.4～1.8	0.8～1	40
		夏季	0.6～1.0	1.4～2	0.8～1	
	16～20	春季	0.6～1.0	1.6～1.8	0.8～1	80
		夏季	0.4～0.6	1.8～2.0	1～1.2	
	21～30	春季	0.3～0.5	2.0	1～1.2	100
		夏季	0.2～0.4	2.0	1.2	

（四）施肥时间

可用采果后秋施或春季核桃萌芽前春施。基肥采用有机肥及尿素、二铵的混合肥。追肥使用二铵和硫酸钾的混合肥在6月中旬前完成。南疆地区多采用核桃间作小麦模式，可在小麦收获后一次性追施肥料。

（1）基肥

一般以迟效性有机肥为主，也配合速效的磷肥和钾肥。为了充分发挥肥效，以早施为宜，最好在采收后至落叶前施入，最迟也应在冬季地冻以前。南疆在白露至秋分为好。早施损伤的根系可以秋季愈合，防止树体枝条徒长，以利新稍木质化，减轻抽梢和幼枝皮皲裂，而且养分易早分解。

（2）追肥

主要追施速效性氮磷钾肥。在年生长发育中的大量需肥期施入。根据核桃树的需肥情况，追肥可在以下两个时期进行。

开花前：主要作用是促进开花，减少落花，有利于新梢生长。追肥以速效氮为主，可以追施硝酸铵、尿素、碳铵、腐熟的农家肥等。时间在3月下旬进行。

硬核期：6月中下旬核桃进入硬核期，种仁逐渐充实，混合花芽开始分化，此时追肥主要作用是供给种子发育所需要的大量养分。同时通过碳水化合物的合成和积累，提高氮素营养水平，有利于花芽分化，并为第二年开花结果打下良好基础，施肥种类以磷钾肥为主，配以必要的氮肥。

（五）施肥方法

核桃树在一年的生长过程中，可分为两个阶段：生长期和休眠期。生长期从春季芽萌动开始，经过展叶、开花、坐果、枝条生长、花芽分化及形成、果实发育、成熟、采收，直至落叶结束；休眠期从落叶后开始到第二年春季芽萌动前为止。在一年的生长发育中，开花、坐果、果实发育、花芽分化和形成期均是核桃树需要营养的关键时期，应根据核桃的不同物候期进行合理施肥。

（1）基肥

以有机肥为主能够在较长时间内为树木生长发育提供含有多种营养元素的养分，且能很好地改良土壤理化性质。基肥可以秋施也可以春施，但一般以秋施为好。秋季核桃果实采收前后，树体内的养分被大量消耗，并且根系处于生长高峰，花芽分化也处于高峰时期，急需补充大量的养分。同时，此时根系生长旺盛有利于吸收大量的养分，光合作用旺盛，树体储存营养水平提高，有利于枝芽充实健壮，增加抗寒力。秋施基肥宜早为好，过晚不能及时补充树体所需养分，影响花芽分化质量。一般核桃基肥在采收后（10 月）施入为最佳时间。施肥以有机肥为主，加入部分速效性氮肥或磷肥。开深沟 50cm 左右，施入基肥。

（2）追肥

追肥是为了满足树体在生长期急需的养分，特别是生长期中的几个关键需肥时期，而施入以速效性肥料为主的肥料。它是基肥的必要性补充。追肥的次数和时间与气候、土壤、树龄、树势诸多因素均有关系。高温多雨地区、砂质壤土、肥料容易流失，追肥宜少量多次；树龄幼小、树势较弱的树，也宜少量多次性追肥。追肥应满足树体的养分需要，因此，施肥与树体的物候期也紧密相关。萌芽期新梢生长点较多，花器官中次之；开花期，树体养分先满足花器官需要；坐果期，先满足果实养分需要，新梢生长点次之。全年中，开花坐果时期是需肥的关键时间，幼龄核桃树每年追肥 2～3 次，成年核桃树追肥 3～4 次为宜。

第一次追肥根据核桃品种及土壤状况不同进行追肥，核桃在展叶初期（3 月底）施入。此期，是决定核桃开花坐果、新梢生长量的关键时期，要及时追肥以促进开花坐果，增大枝叶生长量，肥料以速效性氮肥为主，如硝酸铵、磷酸氢铵、尿素，或者是果树专用复合肥料。施肥方法以开沟或者短条状沟为主，沟深 20cm 左右为佳。

第二次追肥结果期核桃 6 月下旬硬核后施入。此期，核桃树体主要进入生殖生长旺盛期，核仁开始发育，同时花芽进入迅速分化期，需要大量的氮、磷、钾肥。肥料施入以磷肥和钾肥为主，适量施氮肥。

（六）施肥方式

（1）环状施肥

适用于4年生以下的幼树，在树冠外缘，挖深度20cm左右，宽30～40cm环状沟，将肥料均匀施入埋好。

（2）开沟施肥

在行间距较小的密植园可用旋耕机在株行中间开沟10～20cm把肥料均匀填入埋土。

（3）短条状沟施肥

在树的两侧，树冠边缘挖长40cm、深20～30cm短沟，填入肥料，埋土。基肥的施入沟深度可达40cm，追肥施肥深度为30cm。每次肥料沟与前一次施肥错开位置。

（4）全园撒施

先将肥料均匀撒入核桃园，然后浅翻。

（5）叶面喷肥

又称根外追肥，是土壤施肥的一种辅助性措施，是将一定浓度的肥料溶液用喷雾工具直接喷洒到枝叶上，从而提高果实质量和数量的施肥方法。

叶面喷肥利用了果树上部，包括茎、叶、果皮等器官能直接吸收养分的特性，具有直接性和速效性等优点。一般根外施肥15分钟到2小时左右便可以吸收，特别是在遇到自然灾害或突发性缺素症时，或者为了补充极易被土壤固定的元素，通过根外施肥可以及时挽回损失。因此，根外追肥成本低，操作简单，肥料利用率高，效果好，是一种经济有效的施肥方式。

根外追肥的肥料种类、浓度、喷肥时间主要依土壤状况、树体营养水平具体而定。常用的原则是：生长期前期浓度可适当低些，后期浓度可高些，在缺水少肥地区次数可多些。一般根外施肥宜在上午8～10点或下午4点以后进行，阴雨或大风天气不宜进行，如遇喷肥15分钟之后下雨，可在天气变晴以后补施一遍最好。

喷肥一般可喷0.3%～0.5%尿素、过磷酸钙、磷酸钾、硫酸铜、硫酸亚铁、硼砂等肥料，以补充氮、磷、钾等大量元素和其他微量元素。花期喷硼可以提高坐果率。5—6月喷硫酸亚铁可以使树体叶片肥厚，增加光合作用，7—8月喷硫酸钾可以有效地提高核仁品质。

三、水分管理

目前，在核桃生产中，水分管理也是综合管理中一项重要措施，正确把握灌水的时间、次数和用量，显得十分重要。

（一）核桃的需水特性

核桃对空气的干燥度不敏感，但却对土壤的水分状况比较敏感，长期晴朗而干燥的气候，充足的日照和较大的昼夜温差，只要有良好的灌溉条件，能促进核桃大量开花结实，并提高果仁品质和产量。核桃幼龄期树生长季节前期干旱，后期多雨，枝条易徒长，造成越冬抽条；土壤水分过多，通气不良，根系的呼吸作用受阻，严重时使根系窒息，影响树体生长发育。土壤过旱或过湿，均对核桃的生长和结实状况产生不良的影响。因此，根据核桃树的代谢活动规律，进行科学灌水和排水，才能保证树体的根、枝、叶、花、果的正常分化和生长，达到核桃的优质高效生产。

（二）灌水时期的确定

核桃属于生长期需水分较多树种。水分的供给，通过根系从土壤中吸收，然后被运送到树体地上部各器官的细胞中，由于细胞膨压的存在才使各器官保持其各自的形态。

一般情况下，年降水量在600～800mm，且降水量分布均匀的地区，可以满足核桃生长发育的需要，不需要灌水。但在降水量不足或者年分布不均的地区，就要通过灌水措施补充水分。

一年当中，树体的需水规律与器官的生长发育状况是密切相关的。关键时期缺水，就会产生各种生理障碍，影响核桃树体正常生长发育和结实，因此，要通过灌水来保证核桃生长发育的需要。但灌水的时间与次数，应根据当地的立地条件、气候变化、土壤水分和树体的物候期具体确定。以下是核桃生长发育过程中几个需水关键时期，如果缺水，需要通过灌溉及时补充水分。

①春季萌芽开花期。此期(3—4 月)，树体需水较多，经过冬季的干旱和蓄势，核桃又进入芽萌动阶段且开始抽枝、展叶，此时的树体生理活动变化急剧而且迅速，一个月时间要完成萌芽、抽枝、展叶和开花等过程，需要大量的水分，才能满足树体生长发育的需要。此期如果缺水，就会严重影响新根生长、萌芽的质量、抽枝快慢和开花的整齐度。因此，每年要灌透萌芽水。

②开花后。此期(5—6 月)雌花受精后，果实进入迅速生长期，占全年生长期的 80%以上。同时，雌花芽的分化已经开始。均需要大量的水分和养分，是全年需水的关键时期。干旱时，要灌透花后水。

③花芽分化期。此期(7—8 月)核桃树体的生长发育比较缓慢，但是核仁的发育刚刚开始，并且急剧、迅速，同时花芽的分化也正处于高峰时期，均要求有足够的养分、水分供给树体。

④封冻水 10 月末至 11 月落叶前，树体需要进行调整，应结合秋施基肥灌足封冻水。一方面可以使土壤保持良好的墒情；另一方面，此期灌水能加速秋施基肥快速分解，有利于树体吸收更多的养分并进行储藏和积累，提高树体新枝的抗寒性，也为越冬后树体的生长发育贮备营养。

四、核桃间作管理

除树盘外，在核桃树行间播种禾本科、豆科等草种的土壤管理方法叫作生草法。生草法在土壤水分条件较好的果园，可以采用。选择优良草种，关键时期补充肥水，刈割覆于地面。在缺乏有机质，土层较深厚，水土易流失的果园，生草法是较好的土壤管理方法。

生草后土壤不进行耕锄，土壤管理较省工。生草可以减少土壤冲刷，遗留在土壤中的草根，腐烂后可增加土壤中的有机质，改善土壤理化性状，使土壤能保持良好的团粒结构。在雨季草类吸收土壤中过多的水分、养分；冬季，草枯死，腐烂后又将养分释放到土壤中供核桃树利用，因此生草可提高核桃树肥料利用率，促进果实成熟和枝条充实，提高果实品质。生草还可提高核桃树对钾和磷的吸收，减少核桃缺钾、缺铁症的发生。

长期生草而没有进行有效管理的果园易使表层土板结，影响通气。草根系越强大，且在土壤上层分布密度越大，越容易截取渗透水分，消耗表土层氮素，因而导致核桃根系上浮，与核桃争夺水肥的矛盾加大，因此要加以控制。果园采用生草法管理，可通过调节割草周期和增施矿质肥料等措施，如 1 年内割草 4～6 次，每 667m^2 增施 5～10kg 硫酸铵，并酌情灌水，则可减轻与核桃争肥争水的弊病。

果园常用草种有三叶草、紫云英、黄豆、苕子、毛野豌豆、苦豆子、山绿豆、山扁豆、地丁、鸡眼草、草木樨、鹅冠草、酱草、黑麦草、野燕麦等。豆科和禾本科混合播种，对改良土壤有良好的作用。选用窄叶草可节省水分，一般在年降水量 500mm 以上，且分布不十分集中的地区，即可试种。在生草管理中，当出现有害草种时，须翻耕重播。

（一）间作物的选择

1. 豆科作物

绿豆、黄豆、蚕豆、豌豆、苕子、豇豆、菜豆、花生等 1～2 年生豆类作物作果园间作物最佳，这类间作物根部共生有大量根瘤菌，能固定空气中的氮元素，增加土壤养分，生长期短，生长迅速，枝叶繁茂，根系分布范围较小，与果树争夺水分、养分的矛盾不大，同时，对果园地面还可起到覆盖作用。

2. 蔬菜作物

叶菜类、茄果类、根菜类及西瓜、甜瓜、草莓都可作果园间作物，经济价值高，又较丰产。这类作物要求耕作精细，管理上肥力充足，常能使果园土壤肥沃，对果树生长较为有利。间作葱、蒜等有异味的蔬菜，还可起到趋避害虫、减少农药使用的作用。

3. 地下结实作物

如马铃薯、魔芋、生姜、玉竹等，这类间作物食用部分能深入土中，管理上要求精耕细作和很好施肥，为果树根系扩展创造了良好条件。

4. 绿肥作物

绿肥是指用作肥料的绿色作物，包括栽培和野生两种，专门栽培用作绿肥的作物称为绿肥作物。冬季绿肥有肥田萝卜、苕子、紫云英、豌豆、蚕豆、油菜和黑麦草等作物，9—10 月播种，次年 3—4 月翻埋。夏季绿肥有绿豆、黄豆、花生、饭豆、印度豇豆、猪屎豆、草决明、田菁、藿香蓟等作物，3—4 月播种，6 月底秋旱前翻埋。藿香蓟因其花为白色或浅蓝色，有“白花草”之称，除作绿肥栽培外，还利于果树各类害螨的天敌——捕食螨大量栖息繁殖，从而起到生物防治的作用。

（二）间作注意事项

①间作套种的作物，植株应能高矮搭配，这样才有利于通风透光，使太阳光能得以充分利用。

②间作套种的作物对病虫害要能起到相互制约作用。如大蒜套种玉米，大蒜分泌的大蒜素能驱散玉米蚜虫，使玉米菌核病

发病率下降。

根系应深浅不一。即深根系作物与浅根系喜光作物搭配，在土壤中各取所需，可以充分利用土壤中的养分和水分，促进作物生长发育，达到降耗增产的目的。如小麦和豆科绿肥作物的间作。

③圆叶形作物宜与尖叶形作物套作，这样可避免互相挡风遮光，提高光能利用率。

④主副作物成熟时间要错开，这样晚收的作物在生长后期可充分地吸收养分和光能，促进高产。同时错开收获期，可避免劳力紧张，又有利于套作下茬作物。如玉米间作红薯，主作物玉米先收，副作物红薯后收。

⑤枝叶类型宜一横一纵。株形枝叶横向发展与纵向发展间套作，可形成通风透光的复合群体，达到提高光合作用效益的目的。如玉米和红薯的间作。

⑥品种双方要一互一利。也就是要利于双方发育生长、互利共生或有利于一方，但不损害另一方的生长。例如玉米套种大豆，大豆的根瘤菌可为玉米提供氮肥，而玉米分泌的无氮酸类，则是大豆根瘤菌所喜欢的基质。

⑦种植密度要一宽一窄。一种作物种宽行，另一种作物种窄行，这样便于通风，保证增产优势。如玉米套种蚕豆，蚕豆窄行，玉米宽行。

⑧缠绕形作物与秆形作物有机套作时，能节约架条、省工省钱。如玉米和黄瓜间作，可用玉米秸秆替黄瓜架条，让黄瓜缠绕在玉米秸上，还能减轻或抑制黄瓜花叶病。

（三）间作模式

发展核桃林下经济栽培可使造林经济效益更大化，核桃林下间作主要包括林药模式、林菌模式和林农模式。

1. 林药模式

行间种植油用牡丹、柴胡等中药材，经济效益显著。

2. 林菌模式

比如香菇非常适合林下间作。核桃林下行间隔行做畦栽培香菇，行距 5m 的核桃园每亩可做约 5 个畦，可生产香菇 1000kg 左右。

3. 林农模式

①核桃林下间作蔬菜造林初期，前茬可在林地中间作丝瓜、豇豆、扁豆、黄豆、茄子、长豆、黄瓜等蔬菜，后茬可种植雪里蕻、大头菜、榨菜等品种，如果种植时间适宜、管理得当，每亩年收益可达 3000 元以上，可适度推广。

②核桃林下间作瓜果造林初期，可在林中套种西瓜、香瓜等，每亩产量 2500kg 以上，每年纯收入 1000 元以上。

③核桃林下间作马铃薯—豆类(红小豆、夏大豆)、小麦等作物，既解决了粮食问题，又增加了农民收入。

④核桃园内套种黄花菜，不但能够增加经济收入，同时还能覆盖土壤，抑制杂草滋生，减少水土流失和核桃园人工抚育成本，降低夏天果园土壤温度，保持土壤湿度，增加有机肥，改良土壤，从而为核桃树创造一个良好的生长环境。

黄花菜既可以与山核桃间作，也可以在核桃林下套种。

第二节　核桃修剪与整形技术

一、核桃适宜的修剪时期

核桃的修剪可分为生长季修剪和休眠期修剪。核桃区别于其他果树，在休眠期修剪有伤流，为了避免伤流损失树体营养，长期以来，核桃的修剪多在春季萌芽后(又称春剪)和采收后至落叶前(又称秋剪)进行。近年来发现,冬剪不仅不会对核桃的生长和结果产生不良影响,而且在新梢生长量、坐果率方面要明显优于春剪和秋剪。在国内为了避开农忙季节,核桃修剪基本在休眠期。欧美等发达国家核桃的修剪也主要在冬季休眠期进行。

(一)夏剪

夏剪是在核桃树发芽后,枝叶生长时期(硬核期,新疆南疆在6月)所进行的,其措施有疏除二次枝、摘心等。

1. 疏除

以避免由于二次枝的旺盛生长而过早郁闭。疏除是指在二次枝抽生后未木质化前,从基部剪去无用的二次枝。一个结果枝上,同时抽生出3个以上的二次枝,可选留1～2个健壮枝,疏除其他二次枝。

2. 摘心

对于生长过旺的二次枝,为了促进其木质化,控制器官向外延伸,可进行摘心。二次枝或者春季萌发的营养枝保留5～8节摘心。

(二)秋剪

在核桃采收后,树落叶前,根据核桃树的枝条和芽的生长习性,应进行以下修剪。

1. 修剪背上枝、背下枝

背上枝是主枝延长头,若要使主枝头明显高于侧枝,就要保证主枝的长势要强于侧枝。

背下枝通常不会保留,一般应及时进行疏除。

2. 增加枝量、培养结果枝组

为了增加枝量,可采用短截方法。

为了培养健壮的大、中型结果枝组，可适当缓放主、侧枝两侧的枝。

为了防止枝条发生光秃段，尽量保证短截枝条时截下的枝段要短。

对于老结果枝要及时回缩。

利用休眠芽抽生的枝条，更新树冠。

（三）冬剪

冬季主要是修剪大枝，疏除过密枝、病虫枝、遮光枝和背后枝，回缩下垂枝。宜在萌芽前修剪完毕。

1.疏除过密枝

核桃枝量过大，极易出现树冠内膛枝多、密度过大的现象，不仅不利于核桃的通风、透光，而且还会对产量造成影响。对于过密枝应按照“去强留弱”的原则及时疏除过密的枝条。疏除过密枝时应紧贴枝条基部剪除，剪除不能留橛，从而更有利于伤口的愈合。

2.处理好背下枝节

背下枝在春季萌发较早，有着旺盛的生长力和竞争力，极易使原枝头变弱，形成“倒拉”现象，甚至造成原枝头枯死。对于背下枝节，应在其萌芽后或枝条伸长初期将其剪除，背下枝生长健壮，结果后可在适当分枝处回缩，培养成小型结果枝组。

二、修剪的原则与依据

（一）修剪的原则

1.因树修剪随树整形

因树修剪，随树整形就是根据树体不同的生长表现，顺其形状和特点，通过人工修剪随树就势，诱导成形。生产中不能生搬硬套，按照书本机械造形。同一果园各个树体的大小、高低、长势各不相同，同类枝条之间的生长量、着生角度、芽饱满程度也各有异，这就要求应采取不同的修剪方法，因树造形，就枝修剪，恰到“火候”，以收到事半功倍的效果。

2. 统筹兼顾长远规划

无论是栽植的幼树，还是放任生长的大树，均要事先预定长远的修剪管理计划，这关系到果树今后的生长结果和经济寿命。对于新栽植的幼树，修剪时既要考虑前期生长快，结果早，尽快进入丰产期，做到生长和结果两不误，又要考虑今后的发展方向和延长经济寿命。如只顾眼前利益，片面强调早结果、早丰产，会造成树体结构不合理，后期生长偏弱，果实质量下降，经济寿命缩短，得不偿失。同样，片面强调树形，忽视早结果、早丰产，会推迟产出，影响经济效益。对盛果期树应做到生长、结果相兼顾，避免片面追求高产，造成树体营养生长不良，形成大小年结果，缩短盛果期年限。对放任生长的核桃树做到整形、修剪、结果三者兼顾，不可片面强调整形而推迟结果，也不可因强调结果而忽略整形修剪。

3. 以轻为主轻重结合

在修剪量和程度上，要求轻剪为主，尤其幼树和初果期树，适当轻剪长放，多留枝条，有利于扩大树冠，缓放成花，提早进入丰产期。对于各级骨干枝的延长枝，按照整形修剪的原则进行中短截，保持生长强旺势头，培养各级骨干枝和各级枝组。对于辅养枝应多留长放，开张枝角，形成大量花果，并保持树体通风透光，枝条稀密适中，分布合理。对于衰老大树和弱树，应适当重剪，恢复树势，延长结果年限。生产中修剪时要轻重结合，注意调节树体营养枝和结果枝平衡，达到树体健壮生长，果实优质丰产稳产的目的。

4. 树势均衡主从分明

放任生长或修剪不当的核桃树大都表现上强下弱和主枝强弱不匀，应采取“抑强扶弱”的修剪方法，即控制主枝生长均衡，包括同层之间和层与层之间的均衡；主枝与中心干生长平衡；主枝、侧枝、结果枝配置、分布、长势均衡。多数果园树体出现前强后弱、内膛光秃现象，可通过修剪控制树势平衡、树体平衡；通过疏枝、剪枝控制前后生长平衡；通过控制结果量，维护和调节果园树体生长势总体均衡；相差严重的树可通过强枝环剥调节均衡。维护树势均衡，树冠圆满，为丰产打好基础。

（二）修剪依据

1. 品种特性

品种不同，在生长势、萌芽力、成枝力、枝条形状、结果枝类型、成花难易、结果早晚等方面的差别很大。核桃早实品种生长势不如晚实品种，结果时间较晚实品种提早 2～4 年，自然生长条件下，其树冠较小，结果后期容易早衰。因此，不同的核桃品种类型，应采取相应的修剪技术，否则会出现相反的效果。

2. 树龄大小和长势

核桃树生命周期可分为幼树期、初结果期、盛果期、衰老期等 4 个年龄段，各年龄段的生长表现不同。从幼树到初结果期，树体长势旺盛，枝条多直立生长，树姿不开张，结果少。进入盛果期，树势缓和，枝条开张，大量结果。随树龄增大，树势逐渐衰弱进入衰老期。所以，不同年龄段生长结果表现不一致，修剪方法和程度也应随之而变。在幼树期和初结果期以整形为主，迅速扩大树冠，及早结果，应轻剪长放。盛果期修剪主要是更新结果枝组，调节结果量，保持树体健壮，延长盛果期年限。衰老期主要是更新复壮，保持一定的结果数量。

3.修剪反应

①留橛短截。留枝条基部3～4个芽剪截，目的是刺激萌生壮枝，剪口下一般萌发2～3个长枝。

②重短截。剪去枝长的2/3(一般剪后留枝长50cm左右)，多用于幼树整形和扩展树冠，剪口下一般萌发4个中长枝，萌芽率90%以上。

③中短截。剪去枝长的1/2(一般剪后留枝长80cm左右)，用于延长枝修剪，剪口下可萌发2～3个长枝和一些短枝，萌芽率45%左右。

④轻剪。剪去枝长的1/3(一般剪后留枝长100cm左右)，多用于辅养枝修剪，剪口下可萌发1～2个长枝和一些短枝，萌芽率40%左右。

⑤缓放不剪。多用于初结果树修剪，一般顶端萌发1～2个长枝和部分短枝，萌芽率不足40%。不同的剪留长度对翌年开花结果影响很大，据调查，早实品种长枝中短截和缓放不剪的开花结果量最大，重短截的开花结果量最少，坐果率差别不明显。因此，生产中早实核桃幼树修剪应以缓放为主，配合中度短截，对扩展树体生长量、强健树势、较早进入丰产稳产期有很好的作用。

4.立地条件

不同的立地条件对核桃树生长发育和开花结果影响很大，采取相应的整形修剪技术才能取得理想的效果。在瘠薄的山地和丘陵地栽植的核桃树，因为土壤条件差，整形应采用小型树冠，要求定干较低，层间距较小，修剪稍重，多短截，少疏剪。在土壤肥沃、地势平坦、灌溉条件良好的地块，树体生长发育快，枝多、强旺、冠大，定干可适当放高，主枝数适当多些，修剪量宜轻，多疏枝，轻短截，缓放后结果。

5.管理条件

栽培管理水平和栽植方式与整形修剪密切相关。不注重整形修剪，栽培管理水平再高也显示不出效果；反之，一味地追求修剪，不注重栽培管理也是错误的。有许多果园注重修剪措施，而忽视土肥水管理，造成树体偏弱，产量低，果实质量差，经济效益低。在管理良好的基础上合理修剪，方可达到优质高产的目的。栽植形式和密度不同，整形修剪也要相应地改变，如早实密植核桃园树体矮化、冠径小，应及早控制树冠，防止郁闭，保持通风透光，同时还应加强土肥水的管理。

三、主要的修剪技术

（一）短截

短截是指剪去一年生枝条的一部分，以促进新梢生长，增加分枝。在核桃幼树（尤其是晚实核桃）上，常用短截发育枝的方法增加枝量，如图 6-1 所示。

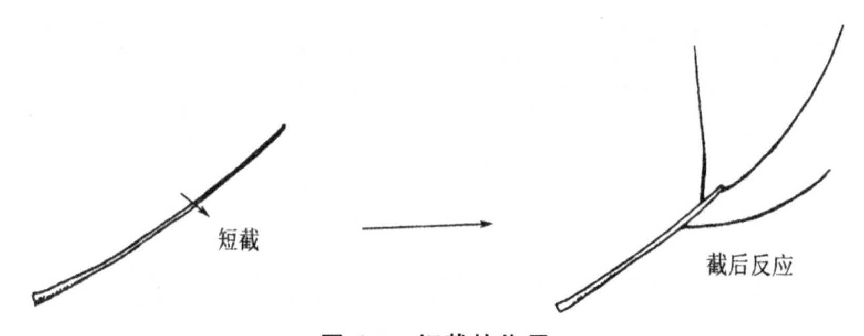

图 6-1　短截的作用

短截的对象是从一级和二级侧枝上抽生的生长旺盛的发育枝，剪截长度为 1/4～1/2，短截后一般可萌发 3 个左右较长的枝条。在一、二年生枝交界轮痕上留 5～10cm 剪截，类似苹果树修剪的“戴高帽”，可促使枝条基部潜伏芽萌发，一般在轮痕以上萌发 3～5 个新梢，轮痕以下可萌发 1～2 个新梢，桃树上中等长枝或弱枝不宜短截，否则易刺激下部发出细弱短枝，因髓心较大，组织不充实，影响树势。

（二）回缩

对多年生枝剪截叫回缩或缩剪（图 6-2），是一种对二年生以上枝条进行剪截，减少枝条，使留下来的枝条和衰弱的枝组更加健壮的方法。因回缩的部位不同，回缩的作用也存在一定的差异，如复壮和抑制作用。生产中复壮作用的运用有两个方面：

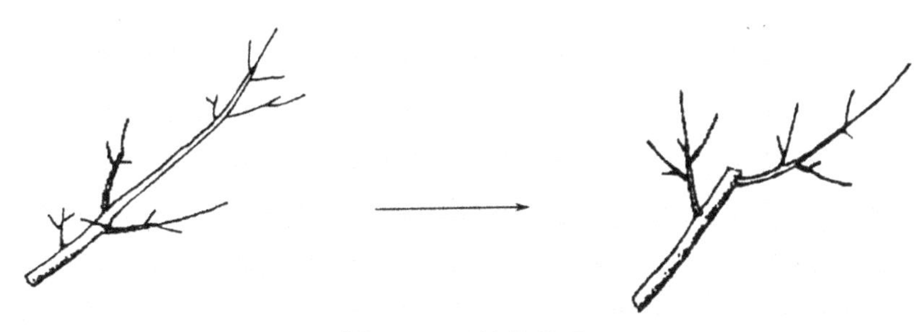

图 6-2 回缩的作用

①局部复壮，例如回缩更新结果枝组，多年生冗长下垂的缓放枝等。

②全树复壮，主要是衰老树回缩更新。

回缩时要在剪锯口下留一“辫子枝”。回缩的反应因剪锯口枝势、剪锯口大小等不同而异。

（三）缓放

缓放又叫长放，即对一年生枝条不进行任何修剪。缓放能缓和枝条生长势，增加中短枝的数量，有利于营养物质的积累，促进幼旺树枝早结果。较粗壮且水平伸展的枝条长放，前后均易萌发长势近似的小枝（图 6-3）。这些小枝不短截，下一年生长一段，很易形成花芽。

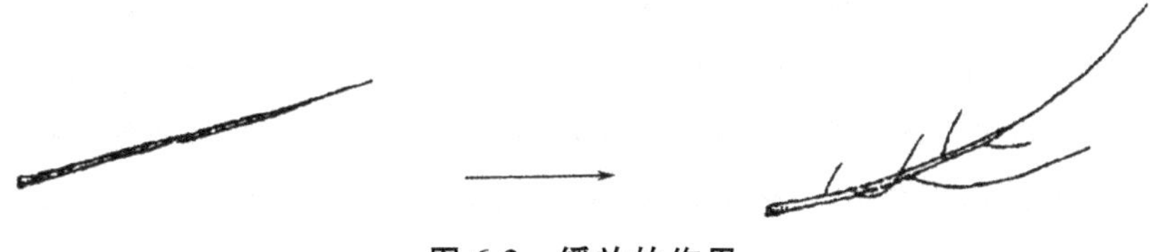

图 6-3 缓放的作用

(四)疏枝

疏枝是指从基部疏除枝条。疏枝应用的对象一般为雄花枝、病虫枝、干枯枝、无用的徒长枝、过密的交叉枝和重叠枝等。雄花枝过多,开花时要消耗大量营养,从而导致树体衰弱,修剪时应适当疏除,以节省营养(图 6-4)。

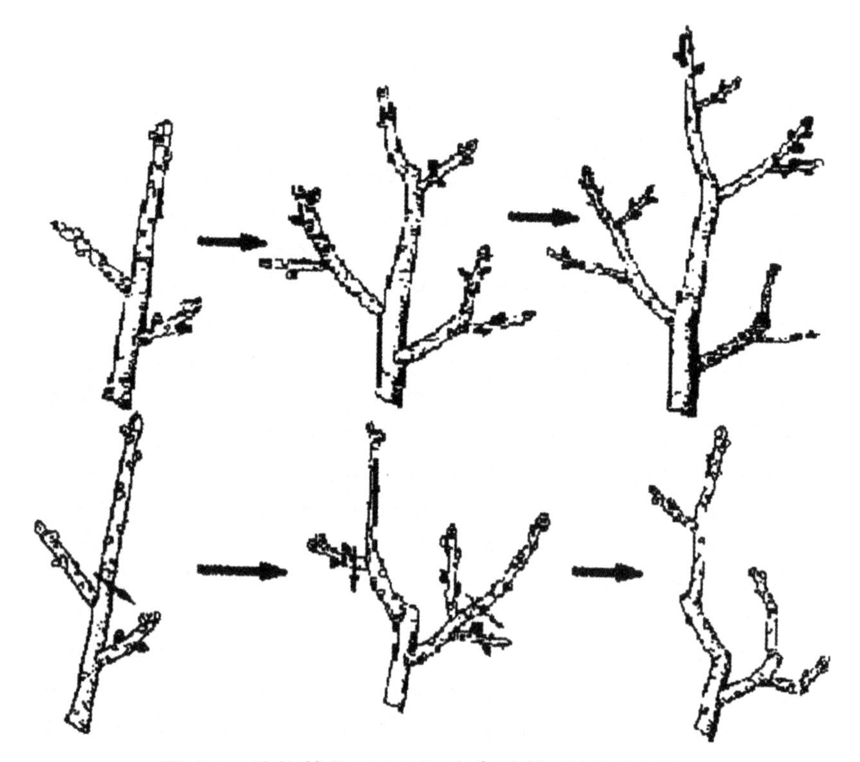

图 6-4　疏枝的作用(上图为未疏枝,下图为疏枝)

疏剪的对象主要是干枯枝、病虫枝、交叉枝、重叠枝及过密枝等,如图 6-5 所示。

(五)背后枝处理

背后枝处理的处理方式在本节“冬剪”部分已经进行过介绍,背后枝的发育如图 6-6 所示。

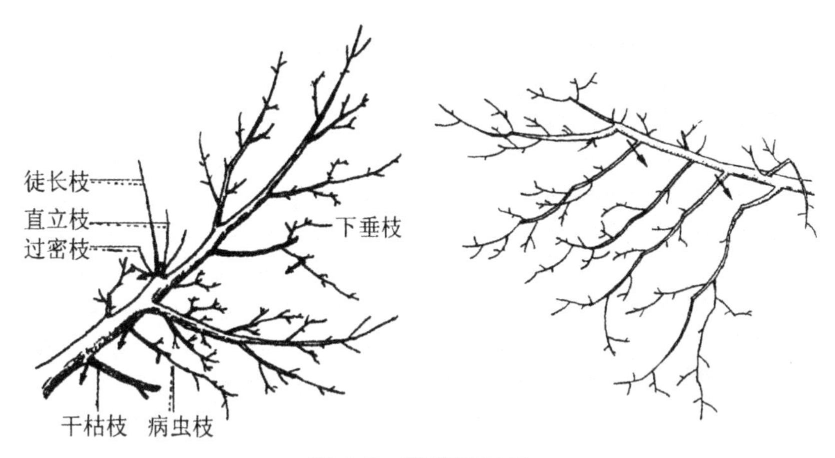

图 6-5　疏剪的对象

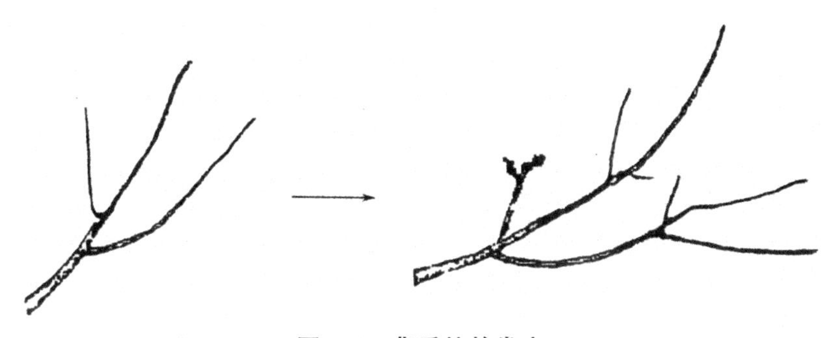

图 6-6　背后枝的发育

（六）二次枝处理

早实核桃结果后容易长出二次枝（图 6-7）。二次枝的控制方法在本节“夏剪”部分已经有过介绍，这里将其总结为：

①在二次枝抽生后未木质化之前，疏除二次枝。

②一个结果枝上同时抽生 3 个以上的二次枝，在其早期选留 1～2 个健壮枝，对剩余二次枝全部疏除。

③进入夏季，如果二次枝生长过旺，可进行适当摘心，以控制二次枝的生长，促进增粗，促进健壮发育，或者在冬季进行短截。

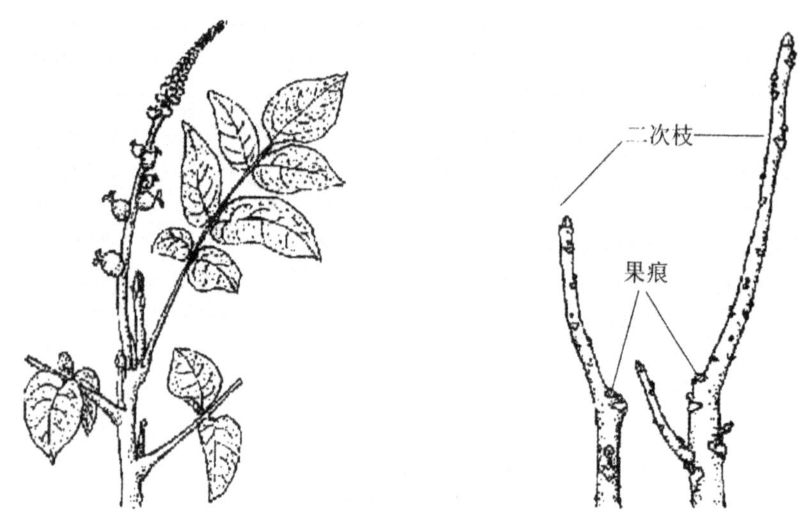

图 6-7　核桃二次枝的发育

（七）摘心和除萌

摘除当年生新梢顶端部分，可促进发生副梢，增加分枝，幼树主侧枝延长枝摘心，促生分枝加速整形过程。内膛直立枝摘心可促生平斜枝，缓和生长势早结果。

冬季修剪后，特别是疏除大枝后，常会刺激伤口下潜伏芽萌发，形成许多旺枝，故在生长季前期应及时将过多的萌芽去除，保证树体的整形，同时还可以减少养分的消耗，促进枝条健壮生长。

（八）开张角度

要加大枝条的角度，撑、拉、拽等是比较常用的方法；缓和生长势是幼树整形期间调节各主枝生长势的常用方法。

（九）徒长枝处理

徒长枝多是由于隐芽受刺激而萌发的直立的不充实的枝条。一般的处理方法是及时剪去。但如果周围枝条少，空间大，则可适当采取夏季摘心或短截和春季短截等方法，培养结果枝组，使树冠空间得以充实，更新衰弱的结果枝组。

四、核桃树适宜树形

（一）自然开心形

自然开心形（图 6-8）适于干性较弱的品种。树体结构：主干高度 60～80cm，无明显的中心干，树高 3.0～3.5m。一般主枝 3～5 个，错落着生，相邻主枝间隔 30cm 左右，主枝开张角度 45°～50°，向斜上方自然生长，各主枝间生长势相对平衡，每个主枝错落着生 2～3 个侧枝，主侧枝上着生结果枝组。主枝平衡生长，侧枝层性明显，树冠呈自然半圆形。密度较高时，也可采用“Y”字形。

图 6-8　自然开心形

（二）疏散分层形

疏散分层形（图 6-9）适于株距 3～4m、行距 5～6m 的密度。其树体结构为：干高 60～80cm，中心主干通直生长，具有明显的生长优势，树高 4 米左右。主枝在中心主干上成层分布，第一层主枝 3～4 个，第二层主枝 2～3 个，全树主枝不超过 7 个。同层主枝间距 20～30cm，层与层之间保持 80cm 的间距。主枝开张角度 50°～60°，主枝上着生 3～5 个侧枝，主侧枝上着生背斜侧生结果枝组，下层主枝较大，上层主枝渐小，树冠成圆锥形或半椭圆形。

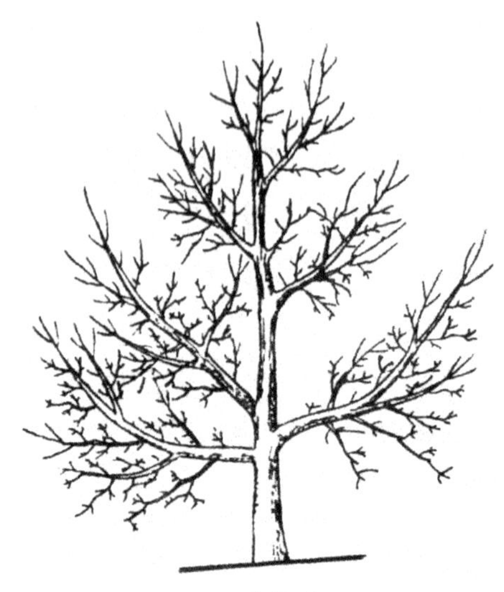

图 6-9　疏散分层形

（三）自由纺锤形

适于株距 2～3m、行距 4～5m 的密度。其树体结构为：干高 60～80cm，树高 3.5m 左右。中心主干通直或弯曲生长，其上均匀错落着生 9～12 个主枝。主枝不分层或分层，上下重叠主枝间距不小于 80cm。主枝开张角度 70°～80°，主枝上不着生侧枝，直接着生背斜侧生结果枝组。下层主枝较大，向上依次减小，树冠呈纺锤形。

（四）变则主干形

适于干性较强的品种。树体结构：主干高度 50～80cm，有明显的中心干，其上错落着生 4～5 个主枝，不分层，最上部主枝以上落头开心。相邻主枝间隔 50cm 左右，主枝与中心干的夹角为 40°～60°，每个主枝上配备 1～2 个侧枝。

五、不同年龄时期的修剪

（一）初果期的修剪

从开始结果到大量结果前的时间短为果树的初果期。早实核桃的初果期为嫁接苗定植后 2～3 年，晚实核桃的初果期为嫁接苗定植后 4～5 年。进入初果期，树体生长偏旺，树冠仍在迅速扩大，结果逐年增加此阶段修剪的主要任务是继续培养主、侧枝，注意平衡树势，充分利用辅养枝早期结果，开始培养结果枝组等。

1. 主、侧枝的培养

初果期核桃主、侧枝的培养尚未完全完成，在有空间的条件下，应加强主、侧枝的培养，继续留头延长生长。

主枝和侧枝的延长枝，应对延长枝中截或轻截即可。对于辅养枝应有空间进行保留，并将其逐渐改造成结果枝组；无空间的进行疏除，以利于通风透光，以尽量扩大结果部位为原则。修剪时，一般要去强留弱，或先放后缩，放缩结合，控制在内膛结果；已影响主、侧枝生长的辅养枝，直接进行回缩或逐渐疏除，为主、侧枝让路。

2. 结果枝组培养

结果枝组在骨干枝上的位置和树冠内空间的差异性是由其大小和配置决定的。以小型结果枝组为主作为配备对象的是枝的前端或树冠外围；以中型结果枝组为主作为配备对象的是主枝和树冠的中部；以大型结果枝组为主作为配备对象的是主枝的后部和内膛。为补充空间需要，大、中型结果枝组间常要配备小型结果枝组。

背上直立结果枝组对于长势较强的幼旺树而言，要尽量少留或不留。

结果枝组的培养方法如下。

(1)先放后缩

先缓放树冠内的发育枝或中等长势的徒长枝,然后在所需部位的分枝处回缩,再通过"去旺留壮"的方法,逐渐培养成结果枝组。

(2)先截后放

对于发育枝或徒长枝,可通过先短截或摘心的方法促发分枝,然后再进行缓放和回缩,培养成结果枝组。

(3)先缩后截

对于空间较小的辅养枝和多年生有分枝的徒长枝或发育枝,可采取先缩剪前端旺枝、再短截后部枝条的方法培育成结果枝组。

3.不同枝类处理

(1)背后枝

背后枝长势强于背上枝条的现象在晚实核桃和部分早实核桃中普遍常见,对其如果不加以控制,就可能导致树形发生变化。

当背后枝已经对上部枝条的生长造成一定程度的影响,明显减弱了上部枝头的生长时,应对背后枝进行缩剪,抬高枝头,促进上部枝的正常发育。若背后枝较弱并已形成花芽,则可对其进行逐步改造,使其成为结果枝组。

(2)辅养枝

对于辅养枝,如果不会对骨干枝的生长产生影响,可暂时保存利用。如果太密集也可适当疏除。

(3)徒长枝

徒长枝的处理应根据具体情况确定。当有空间可保留时,可通过短截、夏季摘心等方法将其培养成结果枝组。对于那些失去保留价值的徒长枝,则应及时从基部将其疏除。

(二)盛果期的修剪

核桃树进入盛果期(生长 5～6 年)后,树体结构基本已经形成,并开始大量结果,树冠不再有明显的扩大迹象,甚至已经停止扩大,由于大量结果,容易因树体养分缺乏而导致郁闭和衰弱。有时可能会出现大枝干枯或整株死亡现象。盛果期对核桃的修剪主要是为了将营养生长与生殖生长之间的关系调整到最佳状态,使树冠的通风透光条件得到改善,同时不断更新结果枝组,以保持其稳产、高产。

在对盛果期的核桃树进行修剪时,应根据核桃的品种特性、立地条件、栽培方式、栽培条件和树势的不同,采取不同的修剪方法。修剪时应注意以下几点。

(1)及时对骨干枝和外围枝进行调整

进入盛果期的核桃树,其树冠不断扩大,结果量明显增多,导致大、中型骨干枝常出现密挤和前部下垂现象。此时就应重点针对过密大、中型枝组进行疏除或重回缩。对于一些长势较弱的大枝,如果下垂严重且伸展过长,则可对其斜上生长侧枝的部位进行回缩。中型枝,若其树冠外围过长,也可适当对其进行短截或疏除处理。此外,为了更加改善核桃树通风透光条件,对过密枝适当疏除,去弱留强也是十分必要的手段。

(2)更新、调节和复壮结果枝组

成龄核桃大树由于内膛光照条件较差,容易造成枝条枯死,导致内膛空虚、结果部位外移,早实核桃尤为突出。因此应有计划地培养、调整和更新结果枝组,使大、中、小型结果枝组搭配适当,分布合理,避免相互干扰。同时,经多年结果后,结果枝组逐渐衰弱,为了维护枝组的长势,应及时更新复壮。枝组的更新应从改善全树的通风透光条件入手,通过复壮树势、枝势和枝组的长势,达到枝组更新的目的。

(3)及时控制和利用徒长枝

徒长枝的控制或利用可分情况而定,如果内膛枝条较多,结果枝组生长正常,没有可用空间,应将徒长枝从基部疏除。如果徒长枝附近有较大的空间,或附近的结果枝组已经衰弱,可通过摘心或轻短截,将徒长枝培养成结果枝组,以填补空间或更换衰老的结果枝组。

（三）衰老树的修剪

进入核桃树的衰老期，小枝干枯现象日益严重，外围枝的生长势逐渐减弱，枝条下垂，大量“焦梢”产生，大量的徒长枝萌发，产量也出现显著地下降趋势。为了将核桃树结果的年限延长，更新复壮衰老树是必不可少的措施。

对衰老树进行修剪，首先必须对病虫枯枝进行疏除，如密集无效枝，回缩外围枯梢枝，促进其新枝的萌发。其次，徒长枝充分利用有助于尽快恢复树势，增强其继续结果的能力。

对于衰老过于严重的衰老树，则要采取更大规模的更新，在主干及主枝上截去衰老部分的1/3～2/5，保证一次性重发新枝，3年后可重新形成新树冠。具体修剪方法有以下三种。

1. 主干更新（大更新）

主干更新又称大更新，进行大更新时，需要锯掉全部主枝，使其重新发枝，并形成主枝。常用的大更新的具体做法有两种。

①植株的主干过高，可从主干的适当部位，锯掉全部树冠，使电锯口下的潜伏芽萌发新枝，然后从新枝中选留2～4个方向合适、生长健壮的枝条将其培养成主枝。

②植株主干的高度比较适宜的开心形的，可锯掉每个主枝的基部。如系主干形植株，可先从第1层主枝的上部锯掉树冠，再从各主枝的基部锯掉，使主枝基部的潜伏芽萌芽发枝。

2. 主枝更新（中更新）

选择健壮的主枝，在其适当部位（保留50～100cm长，其余部分锯掉）进行回缩，待主枝锯口附近发枝后，从每个主枝上选留2～3个方位适宜的健壮枝条，使其形成新的侧枝。

3. 侧枝更新（小更新）

为使侧枝形成新的二级侧枝，可在适当的部位对一级侧枝进行回缩。采用这种侧枝更新方式，可以加快新树冠形成，同时提高产量。

①选择2～3个位置适宜的侧枝，将其保留在计划保留的每个主枝上。

②剪截每个侧枝中下部长势强旺分枝的前端(或下部)。

③疏除所有的病枝、枯枝、单轴延长枝和下垂枝。

④重新回缩那些明显衰弱的侧枝或大型结果枝组，以促其发新枝。

⑤重新剪枯梢枝，促其从下部或基部发枝。

⑥对更新的核桃树，为防当年发不出新枝，造成更新失败，可加强对其土、肥、水和病虫害防治等综合技术管理。

六、放任树的改造修剪

放任生长的核桃树在我国占有相当大的比重。少数地区因核桃的立地条件太差，导致其生长衰弱，已经失去了管理价值。对于一部分正处于幼旺时期的放任生长的核桃树，可通过“高接换优”的方法加以改造；对于已经进入结果盛期的核桃大树，则应加强地下管理，同时进行修剪改造，以提高产量，确保高产、稳产。

(一)放任生长树的树体表现

放任生长的核桃树，其树形较其他经过科学管理的要紊乱得多，且内膛空虚，结果部位外移，通风透光不良，有的甚至还会有焦梢和大枝枯死等现象的发生。

放任生长的核桃树的从属关系不明，主枝多轮生、重叠或并生，中心领导枝呈极度衰弱状态，第一层主枝常达4～7个。主枝延伸过长，先端密挤，使树冠郁闭，影响了核桃树的通风透光效果。内膛枝条过于细弱，干枯现象日渐严重，内膛空裸，结果部位外移。

结果枝少而细弱，落花落果严重，坐果率一般只有20%～

30%，产量很低，隔年结果严重。

极度衰弱的老树，外围焦梢，从大枝中、下部萌生新枝，形成自然更新，重新构成树冠，连续几年产量很少。

（二）放任树改造修剪的表现

1. 树形改造

改造修剪放任树时，应根据其原始树形进行。对于中心领导枝长势比较明显的核桃树，可将其疏散改造成分层形；对于无中心领导枝或中心领导枝已经非常衰弱的核桃树，可将其改造成自然开心形。

2. 大枝处理

全面而细致地对树体进行分析是修剪前一个非常重要的步骤，对可能遮蔽光照的密集枝、重叠枝、交叉枝、并生枝和病虫危害枝进行重点疏除，同时还要保证留下的大枝的均匀分布，相互之间不会产生影响，进而更加方便对侧枝的配备工作。通常，疏散分层形留有5～7个主枝即可，第一层以保留3～4个为最佳，自然开心形则可将主枝的数量维持在3～4个。一次性疏除过多的大枝可能会对树势产生影响，为了将这种影响降低到最小，可以先回缩一部分交叉重叠的大枝，其余部分逐年疏除，即使是一些长势较旺的壮龄树，为避免其生长势更旺，也可以采取分年疏除大枝的方法。

3. 中型枝的处理

中型枝通常指生在核桃树中心的领导枝，也可以是主枝上的多年生枝。经过对大枝的疏除工作后，基本算是从整体上对大树的通风透光条件进行了改善，但局部仍然存在许多着生不适当的枝条。为了使大树树冠的结构更加紧凑合理，在进行处理前，需要先预留出一定数量的侧枝，然后采取疏除和回缩相结合的方法，疏除过密枝、重叠枝，回缩延伸过长的下垂枝，使其抬高角度。当需要疏除的大枝数量较多时，可多留些中型枝。大枝疏除少时，可多疏除些中型枝。

4. 外围枝的调整

进行外围枝调整时，可适当回缩那些冗长的细弱枝、下垂枝，帮助其抬高角度，增强长势。

衰老树的外围枝大部分是中短果枝和雄花枝，应适当疏除和回缩，用粗壮的枝带头。

5. 结果枝组的调整

经上述调整后，核桃果林的整体通风透光性得到了提高，结果枝组开始复壮，可根据树体结构、空间大小、枝组类型（大型、中型、小型）和枝组的生长势来确定结果枝组的调整，对枝组过多的树，要选留生长健壮的枝组，疏除衰弱的枝组，有空间的可适当回缩，去掉细弱枝、雄花枝和干枯枝，培养强壮结果枝组结果。

6. 内膛枝组的培养

经改造修剪过的核桃树，其内膛中常会有许多徒长枝萌发，对于这些萌发的徒长枝，要有选择地加以培养和利用，使其成为健壮的结果枝组。

目前常用的内膛枝组的培养方法有以下两种。

(1)先放后缩

对选留的长度在 80～100cm 中庸徒长枝第 1 年长放任其自然分枝，待第 2 年需要的高度，回缩到角度大的分枝上，下年修剪时再去强留弱。

(2)先截后放

在第 1 年中，当徒长枝长到 60～80cm 时，采取夏季带叶短截的方法，截去 1/4～1/3，或在 5～7 个芽处短截，促进其分枝，第 2 年再将其直立旺长枝除去，用较弱枝当头缓放，促其成花结果。

一般不会选用那些生长势很旺、长度在1.2～1.5m的徒长枝，主要是因为它的极性强，控制起来有一定的难度。

通常会根据具体情况来决定内膛结果枝组的配备数量，即大、中、小枝相互交错排列，枝组间距离保持在60～100cm即可。对于那些树龄较小、生长势较强的树，则应尽量少留或不留背上直立枝组。对于处于衰弱时期的老树，背上枝组可根据需要适当多留一些。

（三）放任树改造修剪的步骤

改造修剪核桃放任树所需的时间通常为3年，经过3年的改造完成对放任树改造修剪后，便可以按常规方法进行接下来的修剪工作。

1. 调整树形

树形的改造通常是根据树体的生长情况、树龄和大枝分布来决定的。确定好树形后，疏除过多的大枝，不仅能够保证养分集中供给，还可以使通风透光条件得到改善。此外，还需要充分利用内膛萌发的大量徒长枝。

对于经2～3年培养的结果枝组，分年疏除树势较旺的壮龄树的大枝，抑制其长势，避免因长势过旺，对产量造成影响。在对大枝进行疏除时，还需要适当疏除外围枝，做到以疏外养内，疏前促后。经过1～2年改造，树形调整基本完成。在整个树形调整过程中，修剪量占了整个改造修剪量的40％～50％。

2. 稳势修剪阶段

完成对树体结构的调整后，母枝与营养枝的比例也应进行相应的调整，其调整比例约为3∶1。对过多的结果母枝，可根据空间和生长势去弱留强，达到对空间的充分利用。在对枝组内母枝留量进行调整的同时，还应有1/3左右交替结果的枝组量，以保证整个树体生长与结果的平衡状态更加稳定。此期间修剪量应控制在20%～30%。

进行上述修剪时，决定其修剪量的因素包括立地条件、树龄、树势、枝量多少等，各大、中、小枝的处理要做到全盘考虑，尽可能做到因树修剪，随枝作形。另外，在修剪的过程中加强必要的土肥水管理是十分必要的，否则，很难取得良好的效果（图6-10）。

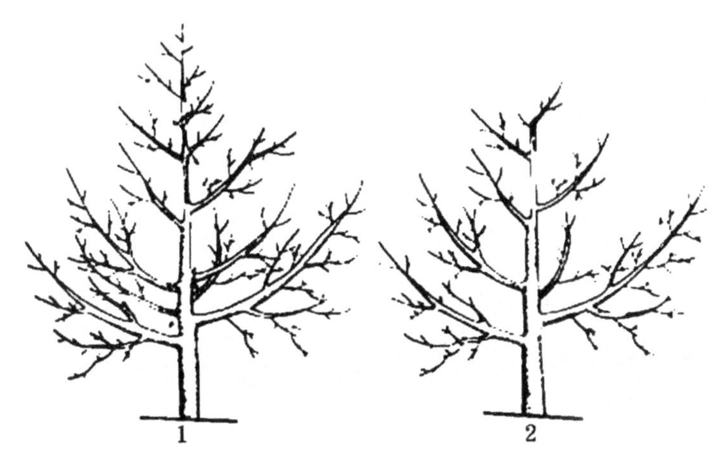

图6-10　放任树修剪

1—修剪前；2—修剪后

（四）放任树改造修剪注意问题

1.加强土肥水管理

核桃树的长期放任生长，必然导致营养的严重亏缺，只有以加强地下管理为基础，才能使改造修剪收到奇效。地下管理应从土壤改良，加强培肥措施等多方面入手。

2.因树修剪，随枝作形

放任生长的核桃树树形紊乱，很难改造成理想的树形，也很难说把一个园片均整成疏散分层形或自然开心形。生产中应根据树体的具体情况，以解决通风透光、恢复树势、立体结果为目的，因树修剪，随枝作形。

3.分段完成,持久进行

放任树的改造修剪不是一二年能完成的,要有计划分阶段进行,急于求成难以收到预期的效果。改造修剪是一项持久的技术措施,切不可剪剪停停,或认为树形改好后就可不剪,要坚持持久,否则效果不佳,甚至不如不剪。

七、核桃修剪技术的改进

1.苗木重剪

对新栽苗木重剪,可促进核桃苗生长健壮。定植后定干和重短截的树苗生长量差异显著,重剪苗木生长迅速。

2.长枝缓放,刻芽促枝

对核桃壮旺的长枝缓放后,会使其萌芽率和成枝力增强,其中80%以上的中短枝会形成顶花芽。在核桃树的生长过程中,将刻芽技术引入其中取得了非常好的应用效果,在顶芽开始萌动时对生长健壮的长枝不剪缓放,并对部分两侧及背上芽进行刻芽,能明显提高该枝条的萌芽率和成枝率,对增加前期枝量和花量效果明显。在芽上1cm左右,用钢锯条或刀子刻一下,芽就会萌发,长出枝条。刻芽要求锯口不超过枝条半周,树皮要刻断,但不能伤及木质部,刻芽太深,出枝后遇大风会使枝条折断。一般间隔3～5个叶芽,刻一个芽即可,不能每个芽都刻。

3.生长季短截,促发二次枝

每年的5月底至6月上旬是核桃树的生长季,此时其外围新梢长到1m左右,可选择那些外围生长旺盛的营养枝予以剪除,通常剪除长度为枝条的1/3即可。短截过轻和过重,可使得可萌发2～4个的新梢只能萌发1～2个新梢。

短截时间的把握也是非常重要的。短截过早，会导致出枝数量的减少；短截过晚，则会使新梢生长不充实，不利于成花和安全越冬。

4. 摘心促熟，成花结果

对于2～3年生幼树，对当年生枝条进行摘心，能够促进枝条成熟，有利于控制旺长。保证安全越冬，防止冻害和抽条。

每年的5月底至6月上旬是核桃树的第一次摘心时间，待新梢长到80～100cm时，摘掉嫩尖。对核桃树实施第二次摘心的时机是完成第一次摘心枝条又长出新的二次枝后，第二次摘心时，将新长的二次枝留1～2个叶片。以此类推，一般北方需摘心1～3次，南方2～4次，便能很好地抑制核桃的秋梢生长，并能促进侧芽成花。

通过摘心可以有效控制幼树夏梢和秋梢的生长，只让其长春梢。每年6月下旬是夏梢抽生季节，可掰掉其萌动生长的顶芽，或等新梢长到10～15cm留2～3个叶片摘心。通过连续摘心，能促进侧芽形成花芽，促进幼树早结果早丰产。

5. 拉枝开角，缓和树势

在生长季对骨干枝及时开张角度，能够有效缓和树势，保证树体通风透光性良好，这对于花芽的形成及后期结果都十分有利。

开张角度的把握，小冠疏层形骨干枝的分枝角度尽量维持在70°～80°之间；主干形或纺锤形骨干枝的分枝角度应维持在80°～90°之间；开心形的分枝角度应维持在50°～60°之间。

主枝开张角度通常在幼树成长期就开始实施了，由于幼树枝条较细，操作起来更容易些。对骨干枝上的当年生长枝拉平后结合摘心，能够抑制其生长，促进侧芽成花。

6. 花后环剥，缓势促花

在核桃树的主干上将宽度相当于枝粗1/10～1/8的树皮用

刀子剥下的方法称为环剥，然后用报纸条将剥口保护起来。环剥时注意，不要将树皮的一周全剥掉。

环剥完成20天后进行一次检查，剥口愈合良好的，应及时将报纸条去掉，让其自然成长；若剥口没有愈合好，则应及时用塑料膜包严使其继续愈合。

经过环剥的核桃树，其当年生枝条形成腋花芽的效果十分明显。

7. 处理延长枝头

核桃经常出现背后枝枝头“倒拉”现象，应加以控制和解决。

8. 疏除内膛过密枝条

核桃内膛枝条过密的，通风透光不良，树冠郁闭，严重影响成花结果。应及时疏除过密枝条，尤其是大枝，应首先打开光路。

第三节　其他管理措施

一、预防抽枝

“抽条”指冬春季土壤温度低、湿度小、空气干燥，树体地上部分蒸腾失水多于根系供水，造成的果树枝条干枯死亡。我国北方地区冬季干旱，气温较低，栽后2～3年的核桃幼树经常发生“抽条”现象，而且地理纬度越靠北，“抽条”越严重，这与核桃枝条髓部较大、组织疏松、自身保水和抗失水的能力相对较差有关。据调查，在豫北地区核桃枝条抽条率一般为20％～50％，个别园片高达90％，严重影响了核桃产量和经济效益。核桃抽枝具体预防措施如下。

（一）土壤水分管理

进入冬季，在土壤封冻前对其灌1次封冻水，灌足灌透，这样不仅可以达到土壤保温效果，还能使越冬期间土壤中的含水量得到提高，满足核桃苗越冬期间对水分的消耗量，减少“抽条”的发生。春季土壤解冻时及时春灌，补充土壤中的水分，并用地膜覆盖，保持土壤墒情，提高土壤温度，以增强根系活性和吸收能力，确保水分的补充，维持树体内的水分平衡，避免或减轻抽条。

（二）塑料膜包扎

塑料膜包扎通常用于秋季新植的幼树，对核桃幼树适当修剪后，0.03mm 厚的塑料薄膜剪成 3～5cm 宽、1～2m 长的带子，然后由树梢部到基部，对各枝逐一包扎，在接茬处必须将塑料条压紧，以防被风吹开失去作用。

塑料膜的包扎工作在 12 月底前后完成即可，除膜时期可选择在花芽膨大时期为最佳。

（三）双层缠裹枝条保护法

对于成长期有 3～4 年的核桃树，其枝干已定型，不能埋土越冬，此时可先将一年生枝条用卫生纸缠裹，然后再用地膜缠裹，采用这种双层缠裹法，可有效降低幼树抽梢概率。尤其对于高接改优的树，可有效保证新梢在当年完好越冬。

双层缠裹枝条保护法是一种值得广泛推广的方法。

（四）其他树体保护

对多年生核桃树，采取涂刷 107 胶（聚乙烯醇）液、喷涂石蜡乳化液、涂抹动物油、落叶后涂白等措施，减少树体水分蒸腾，保持树体内的含水量，避免“抽条”发生。

二、保花保果

（一）人工辅助授粉

核桃雌雄异熟现象比较常见，某些品种即使在同一株树上，雌雄花期有时可相距20多天。这种雌雄花期不遇现象会影响授粉效果，进而导致坐果率和产量低下。对于分散栽种的核桃树，受这种情况影响的概率更大。

此外，不良气象因素，如低温、降雨、大风、霜冻等的也会影响雄花的散粉，不利于核桃的自然授粉。

遇到上述情况，通过人工辅助授粉可显著提高坐果率。即使在正常气候条件下，人工辅助授粉也能提高坐果率5.1%～31%。人工辅助授粉步骤如下。

1.采集花粉

将从健壮的成年树上采集要散粉或刚刚散粉的雄花序，放在干燥的室内或无阳光直射的地方晾干。通常20～25℃温度条件下，经1～2d即可散粉。将散粉的花粉收集在指形管或小青霉素瓶中，盖紧瓶塞，将其放置在2～5℃的低温环境中，备用。

在常温条件下，花粉可保持5d左右的生活力，而将其置于3℃的冰箱中，则其生活力可保持20d以上。使用指形管或小青霉素瓶盛装花粉，还要保证其适宜的通气条件，防止因通风条件不佳导致采集的花粉发霉。

进行大面积授粉时，可按1∶10的比例加入淀粉，对原粉进行稀释，经稀释的花粉用于人工授粉，同样可以取得良好的授粉效果。

2.选择授粉适期

雌花的盛期也是雌花授粉的最佳时期，此时雌花的柱头开裂并呈倒八字形，柱头羽状突起，分泌大量黏液，并具有一定光泽。雌花的授粉时间为2～3d，而雄先型植株的此期只有1～2d。在这段时间，要抓紧时间授粉，以免错过最适授粉期。

有时受到天气状况的影响，同一株树上雌花期早晚可能相差7～15d，为提高坐果率，可多次授粉。

3. 授粉方法

早实核桃的幼树树体较为矮小，授粉时可用授粉器授粉，也可用“医用喉头喷粉器”代替。在喷粉器的玻璃瓶中装入花粉，然后在树冠中上部进行喷布。使用喷粉器喷布花粉时要注意，喷头要在柱头 30cm 以上。

喷粉器喷布花粉授粉可明显提高授粉的速度，但对花粉的消耗量也很大。因此，若条件允许，也可用新毛笔蘸少量花粉，轻轻点弹在柱头上，以免授粉过量或损坏柱头，导致落花。

晚实核桃树的成年树相对要高大些，授粉可采用花粉袋抖授法，首先在 2～4 层纱布袋中装入花粉，将袋口封严，拴在竹竿上，在树冠上方迎风面轻轻抖撒。也可以将要散粉的雄花序采下，每 4～5 个为一束，挂在树冠上部，任其自由散粉，这样不仅避免了采集花粉的麻烦，同时效果也是相当明显的。

此外，将花粉与水之比为 1∶5000 配成的悬液进行喷洒，有条件的可在水中加 10%蔗糖和 0.02%的硼酸，也可促进花粉发芽和受精。这种方法能够减少对花粉的需求量，同时还可以结合叶面喷肥同时进行，对山区或水源缺乏的地区更为适用。

（二）疏雄

核桃雌、雄花芽比约为 1∶5，雌、雄花朵比例高达 1∶500。疏雄可以减少树体水分和养分的消耗，将节约的水分和养分用于雌花和剩余雄花序的发育，改善雌花和果实的营养条件，可提高坐果率和产量。

据测定，单个雄花芽萌芽前干重为 0.036g，到雄花序成熟时干重增加到 0.66g，净增重 0.624g。雄花序中含氮 4.3%、五氧化二磷 1.0%、氧化钾 3.2%、蛋白质和氨基酸 11.1%、粗脂肪 4.3%、全糖 31.4%、灰分 11.3%。据推算，一株成龄核桃树若疏除 90%～95%的雄花芽，可节约水分 50kg、干物质 1.1～1.2kg。疏除多余的雄花序，能够显著地节约树体的养分和水分。成年核桃大树平均单株雄花序2000～3500个。大量雄花序从萌芽到成熟散粉，需要消耗大量的水分和养分，影响枝叶生长和雌花芽发育，影响坐果率与产量。疏除多余的雄花序能够增加产量，且有利于植株的生长发育。人工疏雄可平均增产10%～48%。

最佳时期是雄花芽开始膨大期，此时雄花芽比较容易疏除且养分和水分消耗较少。

疏雄的方法是用手掰除或用木钩钩除雄花序。

以疏除全树雄花序的90%～95%为宜，使雌雄花之比达1∶(30～60)，完全可以满足授粉需要。

(三)除疏幼果

早实核桃以侧花芽结实为主，雌花量较大，结果过多，使核桃果个变小、品质变差，严重时会导致枝条大量干枯死亡。为保证树体营养生长和生殖生长的相对平衡，提高坚果质量，保持高产、稳产，延长结果寿命，需疏除过多幼果。

应注意，疏果仅限于坐果率高的早实核桃品种，尤其是树弱而挂果多的树。

在生理落果期以后，一般在雌花受精后的20～30天，当幼果发育到直径1～1.5cm时进行为宜。

一般以每平方米树冠投影面积保留60～100个果实为宜。疏果时先疏除弱树或细弱枝上的幼果，也可连同弱枝一起剪掉。注意留果部位在冠内要分布均匀，郁闭内膛可多疏。

(四)花期药肥的使用

在雌花盛花期喷生长调节剂和微肥，可显著提高核桃坐果率。

1.花期药肥使用技术

在雌花盛花期喷赤霉素、硼酸、稀土的最佳浓度，分别是50mg/L、500mg/L和100mg/L，尿素和磷酸二氢钾的浓度为

0.3%～0.5%。

2.花期药肥使用方法

花期药肥，一般在上午9～10时或下午3～4时进行喷雾。在药肥中加入适量花粉，喷雾后效果更好。

（五）摘叶

适时摘叶，既能提高坐果率，又可以延缓叶片的光合作用时间，幼果生长能得到较充足的营养；之后，由于新生枝叶的迅速生长，光合作用的加强，果实所需营养能够及时得到补充，使产量提高，品质不受影响。因此，适时适度摘叶提高核桃的坐果率是灌水、除雄等措施所不能代替的。

1.摘叶时期

每年5月初对核桃实施摘叶，可以有效减少叶面积，同时将因蒸腾作用带来的水分损失降低到最少，根系吸收的水分能够满足叶片的蒸腾，不再与果实争夺水分，保证枝叶、果实的生长平衡，减轻落果，坐果率和出仁率也有所提高。

摘叶的时间要尽量保证在一个合理范围内，时间过早，尽管坐果率得到了提高，但却降低了出坚果率和出仁率。造成这一现象的原因主要是因为早期养分积累少，库与源不平衡关系的出现，用于光合作用、制造有机质的叶面积减少，限制了果实的生长，果实品质则下降。

摘叶时间过晚，对提高坐果率影响并不显著，但每年5月10日至20日为核桃落果盛期，此间及以后再采用摘叶措施已为时过晚，发挥不了摘叶的作用。

2.摘叶方法

实施核桃摘叶时，可预留顶部三片叶，保证其坐果率，留叶过多，并不能从根本上解决叶果争水的矛盾。留叶过少，果实的生长发育所需的养分得不到供给，也会对果实的品质产生影响。因此，摘除的叶片保持在一个正常的范围内，不仅可以有效降低叶片的蒸腾作用，还能节约养分，保证果实品质，同时也会对赤霉素（赤霉素有抑制新梢生长的作用）的产生进行限制，间接对过旺的营养生长进行了控制，从而提高了坐果率。

（六）花期冻害防治

晚霜冻害是核桃产区常见的一种自然灾害，严重时往往造成绝收。晚霜多集中在每年的 4 月上中旬，在这一时段，核桃开始萌动，树液流动加快，低温、霜冻可直接冻坏嫩芽和花穗，给核桃生产造成难以估量的损失，通常有以下防治措施。

1.加强核桃园管理

施足基肥，增加树体营养，提高枝条的木质化程度，增强树体抗冻能力，或在 9 月上中旬，喷两次 0.3%～0.5%磷酸二氢钾，减少干梢的发生。

2.熏烟驱霜

在核桃树相对集中地区，根据风向、地势、面积，用半干半湿的秸秆、落叶、杂草等交错堆积，并用土覆盖，留出点火及出烟口，每亩 3～4 堆，根据气象部门预报的霜冻时间，当温度下降到 0℃时，点燃草堆，燃火时要做到火小、烟大，直到日出后继续保持浓烟 1～2 小时。熏烟可以防止地温散失，同时温暖的烟粒能吸收一部分水蒸气，使之凝聚成水滴，放出潜热，可提高地表气温 1～2℃。这种方法用于平地、风小时效果较好。

3.设风障防霜冻

对于栽植不集中的核桃树在霜冻到来之前，在寒风袭击面，用高秸秆、树枝扎成防风障，阻挡寒风有一定效果。在温度低于－5℃或多风时，烟熏防霜效果差时，可以将两种方法结合使用，效果更好。

4. 推迟萌动，躲避冻害

①喷洒药剂、激素或其他方法，推迟核桃树萌动，避过冻害危害。如用萘乙酸钾盐溶液在核桃树萌动前喷洒在树上，可推迟核桃树萌动，避过霜冻危害。

②早春灌水，降低地温，推迟树体萌动。

③树干涂白，减弱树体吸收太阳辐射热，使早春树体温度上升减缓，推迟枝条萌动和开花，避过晚霜危害。

三、地面覆盖

干旱条件下，树冠下用鲜草、干草、秸秆或地膜等覆盖地面，能有效减少地表水分蒸发，保持土壤湿度，抑制杂草的生长。用于覆盖地面鲜草、干草、秸秆等腐烂后，还能增加土壤有机质，改善土壤结构，提高土壤肥力。

地面覆盖是保墒的有效措施之一，通常于每年 3 月下旬用 2m×2m 的地膜覆盖大树树干周围的地面，可有效提高土壤中水分的含量(0.4%～6%)。于每年 4 月中旬在树冠投影范围内覆盖 10cm 厚的杂草并覆土，可有效提高土壤中水分的含量(0.2%～4.1%)。上述两种是比较常用保墒方法，其保墒效果非常明显，尤其在最干旱的 5 月，效果最佳。

第四节　低产树改造

我国现有核桃树约两亿多株，结果树在 1 亿株以上，除近些年发展早的实良种核桃树外，相当一部分果树属于低产树，这些低产树或者结果少，或者不结果。低产树严重影响了核桃园的经济效益。因此，应加强对低产树的改造工作。

改造现有低产核桃树(园),应该从综合管理入手,因地制宜,对症下药。目前,主要有高接改换良种、改善立地条件和加强配套栽培措施等途径。

一、高接换优

高接改换优种主要用于那些立地条件较好,树龄不太大(一般为 30 年生以下),树势较好,但产量很低且品质不佳的实生核桃园。通过高接换优,可将这一部分核桃树迅速改为优良品种,从而大幅度提高产量和品质。

核桃高接换优的技术要点如下。

(一)砧、穗选择与处理

对核桃树进行高接换优时,选择的采穗母树应以坐果品质好,丰产性、抗逆性均强的优良品种为最佳。选择发育充实、无病虫害与直径为 1~1.5cm 的发育枝,或早实核桃的二次枝,从枝条中下部髓心小、芽子饱满的部位截取接穗。每个接穗保留 2~3 个饱满芽,用 95~100℃石蜡液封严,储存在 10℃温度条件下备用。尽量不要使接穗发生萌动。

砧木通常以 6~30 年生低产劣质的健壮树作为最佳选择。在进行嫁接前 7 天,按原树冠的从属关系将接头锯好。幼龄树可直接锯断主干;初结果和结果大树,则要多头高接时,锯口应距原枝基部 20~30cm。

如需在伤流期进行嫁接,则应在正式进行嫁接的前 4~7 天内,在树干基部距地面 20~30cm 处,螺旋式锯 3~4 个,深度达木质部 1cm 左右锯口,使伤流液流出,这种方式也称放水。在伤流过多的情况下,也可于接头基部再做 1~2 个放水口。嫁接部位砧木直径以 5~7cm 为宜,最粗不超过 10cm。砧木过粗,不利于接口断面愈合。

(二)嫁接时期和方法

嫁接时期,以从芽萌动到末花期为宜(我国北方地区多为4月,中下旬或5月初)。各地可根据当地的物候期等情况,确定适宜的时期。嫁接方法以插皮舌接法为好,依砧木的粗细,每个接头可插1～4个接穗。实践证明,砧桩直径为2～5cm时,可插1～2个穗,5～8cm时插2～3个穗,8～10cm时插3～4个穗。这样,3年以后基本上可完全愈合。如嫌接活的新梢多,可在原砧桩断面愈合包严后再选留。

(三)接穗保湿法

蜡封法和土袋保湿法是两种接穗保湿法中常用的方法。其中,蜡封法操作更加简便,成活率明显要高于土袋保湿法。土袋保湿法的具体操作方法是:用旧报纸将嫁接完成的接穗从接口往上围绕卷成纸筒,筒内装满湿土(或湿木屑、湿蛭石等)接穗,然后在纸筒外套上塑料袋,将下封口在接口以下绑紧即可。

(四)接后管理

接穗开始萌芽抽枝的时间是在接后20d左右。对于采用土袋保湿法的嫁接,当有小枝抽生时,可将纸袋破一小口放风,使小枝的嫩梢伸长。随着枝条的生长,放风口应逐渐由小到大,不可一次开口过大,通常来说放风口开的时间越晚越好,不宜过早,以防幼梢抽干死亡,同时还可以保证袋内湿土的干燥。当新梢长度达到20～30cm时,还应绑支棍来固定新梢,以防风折。接后60d对其成活率进行检查,同时去掉绑缚物。对在接口以下萌发的枝条,在接芽未成活前,可暂时保留1～2个,待接芽成活后,可将其全部剪除。如果接芽没有成活,则可用该芽进行补接。补接时,在未接活砧桩萌条基部,进行芽接或绿枝劈接。芽接时间在7～8月,枝接时间,北方地区为5月中旬至7月。

（五）改接树修剪

经过高接改优后的核桃树形成了新的树冠，此时接枝抽生部位比较集中，发枝较多，如果不进行科学管理，放任其散漫生长，则会造成树冠结构紊乱，主从不分明的现象出现。这种现象在早实核桃中出现比较多，晚实核桃此种情况并不多见。

要避免此种情况的发生，在对核桃树实施高接后的 3～4 年之内，要注意新骨架的培养，主侧梗的选留。当接口附近发枝过多时，应根据“去弱留强”原则，及时剪去细弱枝，同时适当短截保留枝，然后采用整形修剪法，培养出一个良好的树冠。

（六）改接园的管理

对于已经实施了“高接换优”的核桃园，科学合理的管理是必不可少的，一旦疏于管理，造成结果数量超出负担，就会引起营养供应问题出现，导致树势早衰，产量急剧下降。

二、改善立地条件

有的核桃园因土壤条件较差，容易出现严重的水土流失现象，尤其是当果园内的果树尚处于中幼龄树阶段，具有较大发展潜力，此时应及时对其立地条件加以改善，为核桃生长发育创造良好的环境。

具体改良核桃园立地条件的办法如下：

①通过修筑梯田、挖撩壕、鱼鳞坑等措施加强果园的水土保持。有条件的地区，还可在梯田埂、壕边上种植一些多年生绿肥作物，如紫穗槐、沙打旺等，以固土保水和增加肥源。

②翻耕改土，扩大根系的活动范围，每年挖扩树盘，直到树盘相接为止。翻土深 60cm、宽 50cm，在回填土时要把表土填入底层，如能分层压入绿肥则更为理想。

三、加强果园管理

处于盛果期的核桃大树，若长期处于管理不当状态，势必会削弱大树的生长势头，引发大规模病虫害，导致产量大幅度下降。盛果期的核桃果园应根据需要进行综合管理，以恢复树势，提高产量。

加强盛果期核桃果园综合管理主要技术措施有以下几项。

（一）加强土肥水管理

进入秋末冬初时节，应对全园土壤进行一次翻压，对于平地核桃园，可采用机耕，保证深度在 20cm 左右。翻压不仅可以将杂草压入土中，待雨季沤熟后增加土壤肥力，还可以疏松土壤，消除土壤板结状况。

对于因多年没有科学管理的弱树而言，合理加强土肥水管理显得尤为重要。对弱树施肥，多以厩肥、氮肥为主，通常会二者混合起来施用，其效果尤为明显。

由于果树的长势比较弱，且多年没有经过科学管理，因此其施肥量应较正常树高一些，且在施肥后应立即灌水。

对于草原多的山区，就近堆沤绿肥或树盘压青是比较常用的土壤施肥办法。通常，早春施 1 次速效性氮肥作为追肥，这样对于前期生长和雌花芽的形成具有较高的促进作用。

（二）调整树冠结构

假若任由低产树自由生长，置之不理的话，会导致树冠内膛空虚，结果枝向外伸展，树枝生命力弱，容易发生枯死现象；或因长期未修剪，导致枝条过多，空气流通性差、透光性差；或树枝生长过盛，枝大但结果枝数量少。对这种类型的树进行改造时，不能墨守成规、一成不变，应根据具体树木存在的问题因树制宜，适树修剪，具体的修剪方式如下：

首先是注意调整树形。观察植株有无明显主干，若有，则按主干疏散分层形来进行修剪，树冠保留2～3层较为适宜，主枝数量5～7较为合适；若无，则按自然开心形来进行修剪，主枝应交错保留，数量宜为3～4个。

其次是调整侧枝数量和分布。侧枝调整的数量和分布在很大程度上受到结果枝培养的影响，故在修剪时，首先考虑结果枝组这一因素。调整首先须遵循分布均匀，疏密适当的总原则，以利于生长和正常结果为目的。

再次是处理外围枝。修剪外围枝时，生长健康的壮枝无须去除，保持其分布均匀即可；对于下垂枝、已枯死的枝条、重叠、交叉的枝条需直接剪除；对于一些冗长的细弱枝条，若还有空间使之回缩的话，则不必剪除；对于短果枝、雄花枝则需要根据实际情况对其进行疏除或回缩。

最后是注意培养结果枝组。对树冠内部距离进行把握，保证结果枝组之间相隔的距离适宜，有利于提高结果量。

除上述注意事项外，假若疏除的树枝量较大，不宜一次全部疏除，以免造成剩余枝营养过剩，生长过旺，故按年份分批剪除。大树经过修剪后，会很容易生出许多新的徒长枝和发育枝，此时需根据空间的大小和枝条的生长态势，按照一定的原则，采取适当的措施，将其培育成健壮的结果枝组。

（三）多项栽培技术综合应用

综合技术措施指所有能够促进核桃树生长和结果的各项管理措施的综合应用。实践证明，与施用单项技术措施相比，综合技术更有利于提高核桃的产量。

第五节　密植丰产园管理

近年来，随着生产条件的改善和核桃品种化、良种化的发展，核桃密植丰产技术日益引起人们的重视，各地已相继建成一批核桃密植丰产园。可以预见，随着核桃商品化发展的要求，核桃生产将逐渐实现大面积基地化，密植丰产园的建设必将得到更大的发展。

一、密植丰产园的特点

密植丰产具有收益高、见效快、适于集约化经营管理等优点，是现代果树栽培的一大趋势。基于密植丰产栽培的上述优点，密植丰产园的特点可以总结为以下几点。

（一）结果早

采用早实核桃品种嫁接繁殖的良种壮苗，一般栽后2～3年结果，但为了核桃树早成形，扩大结果面积，一般栽植后3～4年内全部疏果。

（二）密度大

过去实生核桃树一般是10m×10m，每亩6～7株，最大是8m×8m，每亩10株。而现在的密植丰园的株距为1～3m，行距3～5m，每亩定植22～44株。

（三）早丰产

密植丰产园在定植后5～8年即可丰产，而实生晚实核桃园进入盛果期需20～30年。密植丰产园的早期丰产性取决于两个基本因素：①单位面积上的株数多。②采用早实丰产的品种。

早实核桃品种主要有以下几个特点。

1.分枝力强

一般2～3年开始大量分枝。据观察，5年生树的新梢可达130～250个，比晚实核桃要多5～8倍。而且多为结果短枝。

2. 果枝率高

结果母枝抽生的枝条中结果枝所占的比率高，一般在85%左右。这是因为早实核桃品种不仅顶芽结果，而且大部分侧芽可结果。

3. 坐果率高

采用密植丰产园管理，其果品的坐果率一般在50%以上，最多可达85%以上。

4. 树冠矮化，便于管理

矮化密植丰产园的树高一般在2.5～3.5m，是乔化树的1/3～1/2，冠幅2～3m，是乔化树的1/5～1/3。这样就便于喷药、疏花、采收、修剪等管理。乔化树一般树高在10m以上，管理很不方便。

5. 要求栽培管理水平高

密植丰产园一般建在立地条件较好的地方，为了实现早期丰产，必须根据其生长结果习性进行科学的管理，即从定植建园、幼树的整形修剪、施肥灌水、中耕除草等一系列作业，都要制订具体的管理计划，并及时加以实施。

二、密植丰产园的产量标准

建立密植丰产园的目的，就是在土地条件好，面积相对小的地方，通过粗细管理，达到丰产稳产。

为了衡量其丰产水平，我国核桃国家标准(GB 7907—1987)对密植核桃园的丰产标准规定如表6-2所示，可供建园时参考。

表 6-2　密植核桃园丰产标准

树龄(年)	4	6	8	10	14	20	25
产量(kg/667m²)	30.0	60.0	84.0	105.0	150.0	225.0	250.0
单株(kg/株)	1.0	2.0	3.0	4.2	7.0	13.0	25.0

三、密植丰产园的品种要求

建立核桃密植丰产园，选用适宜的品种是非常重要的环节。通常来说，所选择的品种首先早期的丰产性要强，否则结果少，树冠长得大，没有达到丰产的目的，就可能因为树冠郁蔽而需要间伐，达不到早、密、丰的效果。

据实践经验，采用辽核 1 号、扎 343、温 185、晋丰、香玲、丰辉、中林 5 号等品种较为理想。

四、密植丰产园的主要栽培管理技术

根据上面阐述的密植丰产园的特点，要达到丰产的目的，还必须采取相应的措施对其实施严格的管理。

（一）选择良种优苗

丰产园建园成败的关键因素首先取决于良种壮苗的选用。通常密植丰产园中的苗木要求品种纯正，嫁接繁殖，达到一级苗的要求。

为了保证一次建园成功，苗木要大，苗高 1m，粗 1～2cm，根系完整，不失水，接口愈合好，而且要安排适当的苗木作为预备树。

（二）园地准备

园地平整在定植前较易施工，而建园后则难以进行。为了保证密植丰产园结实多，寿命长，在定植前应完成各项准备工作。

1. 园地深耕

核桃定植前使用拖拉机对园地进行深耕，大概深度为30～40cm，疏松多年牲畜耕种所形成的硬结层（犁底层）。深耕后及时耙磨，打碎结块。

与深耕相配合，还可以进行土壤消毒灭虫。

2. 平整土地

按规划的栽植方向平整园地，保证栽植后顺利灌水，而且使苗木栽植深度一致，以后不致出现雨水冲刷露根或埋没太深。

3. 开定植沟

由于密植丰产园的株距较小，宜采用挖沟定植，沟宽60～80cm，深80～100cm。回填时施入足够的有机肥和氮磷肥。

当密度较小时可挖$1m^3$的定植穴。

（三）因地制宜

建园时一定要本着适地适村的原则进行选地。根据核桃树喜光、喜肥水的特点，应尽量选择背风隔阳、地势平坦、土壤肥沃深厚，具备灌水和排水条件的地方建园。如果园地选择不适宜，就不能达到早期丰产的目的。

（四）栽植密度

科学合理的栽植密度是密植丰产园丰产的重要举措。栽植密度过大，苗木投资就多，树冠郁闭年限就短。将各地经验进行汇总，发现每亩栽植40～80株（株行距2.5m×3m～3m×5m），每年进行适当的修剪控制，可延迟其郁闭的年限，大约维持10～15年，每亩产量可保持150～250kg以上，以后根据郁闭情况，再考虑适度间伐。

（五）整形修剪和间伐

密植丰产园的栽植密度通常较大，因此培养良好的树形，并控制枝条的迅速外移显得十分重要。

1. 树形

一般定干高度为50cm左右，最好培养成具有由中干领导的树体结构。树形可以整成主干分层形或多主干形。

2. 初结果树的修剪

这个时期修剪的目的是促进枝条生长以扩大树冠结实面积，同时，尽量避免由于修剪强度大而延迟产量的增长，这个阶段光照成为枝条生长与果实生产的限制因子。骨干枝的生长发育与结实之间的竞争成为主要矛盾。

3. 大树修剪

定植后10年左右可达到盛果期。此时，密植园树木的新梢长势一般较旺盛。树冠开始相接，完全占满了间距。修剪任务由培育单株树变为对整个树冠郁闭的果园管理。

4. 间伐

使矮化密植园获得良好光照条件的另一项措施是在郁闭前疏伐1/2的核桃树。在为了早期增产而加密栽植的核桃园内，间伐是普遍采用的措施，因为用一般的修剪措施难以解决。间伐的任务是伐去临时加密树并使产量下降数量尽量减少。可以采用两种方式间伐。

（六）施肥与疏花疏果

增施肥料是保证密植丰产园高产稳产优质的重要措施。要根据核桃园土壤肥力状况，早实核桃的需肥特点，当年树势生长状况和结实多少，增加肥料的施用量。对于一些坐果率高，年年挂果的品种还必须及时疏除多余雌花或幼果，不然会因树体结果负担过重，造成树体的死亡。

（七）病虫害防治

早实核桃的抗病虫能力较弱，要及时防治，不能掉以轻心，否则会导致大量减产。密植丰产园由于密度大，光照不如稀植园好，尤其是湿度由于多次灌水而增大，容易感染黑斑病和炭疽病。

（八）适时灌水

树木缺少必要的水分可导致发育缓慢，产量和品质降低，但是，灌水过量也将使树木生长不良。

第七章　核桃主要病虫害防治技术

第一节　核桃主要病害的诊断及防治

一、核桃炭疽病

核桃炭疽病能够对果实造成伤害，致使核桃果实出现早期脱落或核仁干瘪的现象。一旦果实感染炭疽病，其果皮上将出现黑褐色、近圆形病斑，后变黑色凹陷，并逐渐扩大为近圆形或不规则形。

炭疽病的病原为一种真菌，属于半知菌，与苹果、葡萄炭疽病为同一病原。分生孢子盘圆形，孢子梗短，分生孢子顶生成囊，单生，长椭圆形，无色。分生孢子盘着生于外果皮表层 2～3 层细胞之下，孢子盘成熟后突破寄生表皮，放出分生孢子。

防治炭疽病的方法如下：

①加强栽培管理，做到科学密植、合理修剪，为果园果树创造一个通风透光良好的生长环境。

②搞好果园卫生，在果树发芽时彻底清除病僵果，消灭病菌的越冬场所，减少病菌初侵染来源。

③生长期加强药剂防治措施。通常选择雨季到来前开始喷药，10～15 天 1 次，连续 3～5 次。

常用有效药剂有：70％甲基托布津可湿性粉剂或 500g/L 悬浮剂 800～1000 倍液、30％戊唑・多菌灵悬浮剂 1000～1200 倍液、25％溴菌腈可湿性粉剂 600～800 倍液、450g/L 咪鲜胺水乳剂1000～1500倍液、10%苯醚甲环唑水分散颗粒剂2000～2500倍液、50%多菌灵可湿性粉剂600～800倍液、250g/L吡唑醚菌酯乳油1000～1500倍液、80%代森锰锌可湿性粉剂800～1000倍液、70%丙森锌可湿性粉剂600～800倍液、77%硫酸铜钙可湿性粉剂800～1000倍液、80%代森锌可湿性粉剂600～800倍液等。

喷药时应做到均匀周密，保证药效。

二、黑斑病

核桃黑斑病又名黑腐病，俗称“核桃黑”，一旦核桃果实感染了黑斑病，就会造成幼果腐烂和早期落果、不脱落的被害果，其核仁出油率低，影响产量。

叶脉处病斑呈圆形、多角形的小褐斑，一般大小3～5mm，潮湿时病斑外围有一水渍状晕圈，后互相愈合，叶片发黑、变脆，形成穿孔，致叶片残缺不全，枯萎早落。

发病的重和轻与每年雨水多少有关，一般在核桃展叶期至开花期最易感染，随后抗病逐渐加强。

防治黑斑病的方法如下：

①搞好果园卫生，彻底剪除掉病枝梢，拣拾落到地上的病僵果，并对其进行深埋或烧毁处理，减少果园内病菌的来源。

②在核桃发芽前喷施1次77%硫酸铜钙可湿性粉剂400～500倍液或3～5波美度的石硫合剂或45%石硫合剂晶体60～80倍液，铲除树上残余的病菌。

③生长期喷分别在展叶(雌花开花前)、花后以及幼果早期各喷1次1∶(0.5～1)∶200波尔多液。另外，喷0.4%草酸铜，效果也好，且不易产生药害。

三、褐斑病

褐斑病主要为害叶片和嫩梢，一旦核桃果树感染褐斑病，其叶片表面就会出现黄褐色至褐色病斑，外围则有一圈紫褐色边缘，中间部分有时具有不明显同心圆轮纹，近圆形或不规则形。病斑常融合一起，形成大片焦枯死亡区，周围常带黄色至金黄色。被害严重时8月病叶大量脱落，9—10月重生新叶，开二次花，严重衰弱树势。

防治褐斑病的方法如下：

①剪除病枝，清除病叶。

②药剂防治：发芽前喷1次杀菌剂，如3～5波美度的石硫合剂。

③生长季节(6月上中旬及7月上旬)喷倍量式波尔多液2～3次。

四、腐烂病

核桃腐烂病又名黑水病。在新疆、甘肃等核桃产区危害较重，山西、河南等产区发病较轻。特别是新疆核桃产区，个别严重园病株率可达80%左右。

树龄和发病部位不同，染病后出现的症状也存在一定的差异。成龄大树的主干及主枝感病后，初期外部并无明显症状，直至病斑连片扩大，会从皮层向外溢出黑色黏液，继续向下蔓延引起枝条枯死。幼树主干和主枝感病后，初期病斑呈梭形，暗灰色，水渍状，微肿，有酒糟气味。病组织失水下陷，病斑上产生黑色小点，当温、湿度增大时，从黑色内涌出橘红色丝状物，后期病斑纵向开裂，流出大量黑水。

防治腐烂病的方法如下：

①加强核桃园的综合管理，多施有机肥，提高树体营养水平，增强树势和抗寒抗病能力，入冬前树干涂白，注意防冻、防旱和防虫，是防治此病的基本措施。

②及时刮治病斑，以春季为重点，其次是秋季，但常年检查及刮治不能放松，刮下的病屑应及时收集烧毁，避免人为传染。

③落叶后和萌芽前喷药防治，可喷施100倍果富康液，喷洒

时注意将直径3cm以上枝干全部均匀喷洒。在生长季喷施1～2次21%果富康400～500倍液。生长季发现病斑及时刮除，并涂抹果富康。

④防治其他病虫害，如叶螨、透翅蛾、吉丁虫、蚜虫等，以增强树势、减少腐烂病发生。

五、枝枯病

核桃枝枯病主要为害枝干，多发生在1～2年生枝梢和侧枝上，从顶端逐渐向下蔓延到主干，造成枝干枯干。感染病症的枝条皮层初期呈暗灰褐色，而后逐渐变为浅红褐色或深灰色，大枝感染病症的部位出现下陷现象，病死的枝干、木栓层下散生很多黑色小粒点，即病原的分生孢子盘，直径0.2～0.3mm。湿度大时，从分生孢子盘上涌出大量黑色短柱状分生孢子。受害枝上叶片颜色逐渐变为黄色，并脱落，枝皮则变为了灰褐色，干燥、开裂，病斑围绕枝条一周，枝干枯死，甚至全树死亡。

无性阶段为半知菌类、黑盘孢目的一种真菌，主要是无性阶段侵染为害；有性阶段属于子囊菌亚门，自然情况下很少发生。

防治核桃枝枯病的方法如下：

①建园时加强栽培管理，保持健壮的树势，提高其抗病能力。

②入冬前结合修剪，彻底剪除销毁病枝，减少初次侵染病原，并做好冬季防寒措施。进入冬季，为树干涂白，注意防冻、防虫、防旱，尽量减少衰弱枝和各种伤口，防止病菌侵入。

③对于发病的树干，应及时对其进行病斑刮治治疗，用1%硫酸铜或21%果富康3～5倍液涂刷，再涂抹煤焦油保护。

④选土壤肥沃、土层厚的地块建园；同时，注意防寒，预防树体受冻。

六、溃疡病

核桃溃疡病在国内的南北核桃产区均有发生，主要危害树干及主、侧枝基部。幼树或光滑树皮上的核桃溃疡病病斑多呈水渍状或为明显的水疱，破裂后流出褐色黏液，遇空气后黏液变成黑褐色，随后病斑干缩下陷，中央开裂，病部散生许多小黑点，严重时病斑相连呈梭形或长条形。当病部扩展绕枝干一周时，造成整株树死亡或病枝死亡。

核桃溃疡病菌以分生孢子和子囊孢子在病部越冬，翌年春季气温回升、雨量适中时，两种孢子借风雨传播，于枝干皮孔和伤口侵入，形成新病斑。病菌潜伏期长，一般1～2个月，发病树、枝往往是由上年病菌侵入造成的。低温冻害、大风扭伤、干旱树弱均易染病，5—6月是病害高发期。干旱、管理差、杂草丛生、树势弱、通风透光条件差、虫害多，发病严重。

防治核桃溃疡病的方法如下：

①树干涂白或冬季防寒保护，防冻害和日灼。

②加强果园管理，提高树体的抗病能力。

③刮树皮和病斑，涂抹3～5波美度的石硫合剂，或涂抹1%硫酸铜溶液，均有治疗效果。

④4—5月及8月各喷洒50%甲基托布津可湿性粉剂200倍液，或80%抗菌素“402”乳油200倍液。

七、白粉病

核桃白粉病在各核桃产区都有发生，主要为害叶片，病叶表面产生有白粉状物是该病的主要诊断特点。发病初期，叶片表面产生退绿或黄色斑块，随病情发展，粉斑逐渐扩大、明显。病斑多时，常相互连片，使整个叶片表面布满较薄的白粉状物。发病后期，白粉状物上逐渐散生许多初黄色、渐变褐色、最后成黑褐色至黑色的小颗粒，有时产生小颗粒后白粉层消失或不明显。严重时，引起叶片早落，影响树势和产量。

核桃白粉病是一种高等真菌性病害，病菌以闭囊壳在落叶或病梢上越冬。第二年春季气温上升，遇到降雨后越冬病菌释放出病菌孢子，通过气流传播，从气孔侵染叶片进行为害。白粉病在田间可有多次再侵染。温暖潮湿有利于该病发生，雨季到来早的年份病害多发生早而较重。

防治核桃白粉病的技术如下：

①消灭越冬菌源。及时清除病叶、病枝并销毁，减少发病来源，加强管理，增强树势和抗病力。

②生长期喷药。可用50%甲基托布津可湿性粉剂1000倍液，或25%粉锈宁可湿性粉剂500～800倍液喷洒。

八、根癌病

核桃根癌病又名根头癌肿病，是危害苗木根部的一种细菌性病害。苗木根部受害后，地上部生长缓慢，植株矮小，严重时叶片发黄早落。除危害核桃外，还有桃、李子、苹果、梨、柑橘、柿、板栗等多种果树。

病菌在癌瘤组织的皮层内越冬，或变癌破裂脱皮时进入土中越冬。由雨水和灌溉水传播，蛴螬、蝼蛄、线虫等活动也起一定的传播作用。带病苗木是远距离传播的重要途径。病菌从伤口侵入寄主后，刺激周围细胞迅速分裂，产生大量分生组织，形成癌肿症状。土壤潮湿或碱性，或黏重土排水不良，都有利于病害发生。地下害虫危害，造成伤口增加病菌侵入机会，发病也重。

防治根癌病的方法如下：

①出圃苗木若发现根部有癌瘤应予淘汰。凡调运的苗木用1%硫酸铜液浸根5min。

②彻底刮除病瘤，伤口应涂上石硫合剂渣子或多尔波浆，刮下的病瘤应随即烧毁。

九、枯梢病

核桃枯梢病多发生在陕西、山西等省份。主要危害枝梢、果实和叶片。枝条受害后，病斑呈红褐色至深褐色，棱形或长条形，后期失水凹陷，其上密生红褐色至暗色小点，即病原菌的分生孢子器。

病菌以分生孢子和子囊孢子在病组织内越冬。翌年春季气温回升、雨量适宜，两种孢子借雨水传播，并从枝干的皮孔或受伤组织侵入，产生病斑后又形成分生孢子，借雨水传播进行多次再侵染，病菌有潜伏染特性，即核桃枝干在当年正常期内，病菌已侵入体内，但无症状表现而当年植株遇到不良环境条件，生理失调时，才表现出明显的溃疡斑。一般早春低温，干旱、风大、枝条伤口多等情况容易感病。

防治枯梢病的方法如下：

①清除已经感染了枯梢病的枯枝，对其进行集中烧毁，从根源上切断枯梢病的来源。

②对林园加强各项管理，采用深翻、施肥，增强树势等手段，提高抗病能力。

③树干刷涂白剂。涂白剂的配方是生石灰 5kg、食盐 2kg、油 0.1kg、豆面 0.1kg、水 20L。

④4—5 月及 8 月各喷洒 50%乙基托布津可湿性粉剂 200 倍液，或 80%抗菌素“402”乳油 200 倍液，都有较好的防治效果。

⑤用力刮去病斑树皮至木质部，将 3 波美度的石硫合剂涂刷在树皮上，或使用 1%硫酸铜液，或 40%福美胂可湿性粉剂 50～100 倍液等进行消毒处理。

十、核桃根结线虫病

核桃根结线虫病为害核桃的根部，尤其是核桃苗木根部的幼嫩部分，当病害严重的时候，可使得根上长满结瘤，不能正常吸收营养物质和水分，导致地上部分生长矮小，甚至凋萎枯死。核桃根结线虫病多以雌虫、幼虫和卵在根结内或遗落在土壤中越冬。随苗木、土壤、粪肥和灌溉水传播。

防治核桃根结线虫病的方法如下：

①对核桃苗木进行严格的检查措施，已经感染根结线虫病的病株应及时拔除并烧毁。

②用80％二溴氯丙烷乳油沟施，每亩1～1.5kg，加水75L，均匀施于沟内，沟深20cm左右，沟与沟之间距离33cm左右。施药后将沟覆土踏实，隔10～15d后在施药沟内播种。或75％棉隆可湿性粉剂每亩1kg，加水150L，在核桃树根系60cm以外的地方挖沟，将药液施入沟内，然后填土踏实。

第二节　核桃主要虫害的诊断及防治

一、核桃举肢蛾

核桃举肢蛾主要为害果实，以幼虫钻蛀为害外果皮（青皮）为主。幼虫钻蛀果实青皮后，初期蛀孔处有透明水珠，后变琥珀色胶粒。幼虫在青皮内纵横串食，虫粪排于虫道内。一个果内常有多条幼虫。被害处果皮变黑，并逐渐凹陷、皱缩。严重时，整个果皮变黑色、皱缩，故俗称为“核桃黑”。受害果实核仁发育不良，甚至无明显核仁，严重时果实早期脱落。

核桃举肢蛾的成虫体长4～8mm，黑褐色，有光泽，翅狭长；前翅黑褐色，端部1/3处有一近月牙形白斑，后缘基部1/3处有一椭圆形小白斑；后足较长，静止时向斜后上方举起，故称“举肢蛾”。核桃举肢蛾的卵呈椭圆形，初产时为乳白色，后逐渐变为淡黄色、黄色、淡红色，孵化前为红褐色。初孵幼虫呈乳白色，头部为黄褐色；老熟的幼虫则变为淡赤黄色，头部为暗褐色，体长8～9mm。蛹纺锤形，黄褐色。

核桃举肢蛾通常1年发生1～2代，均以老熟幼虫在树冠下的土中、杂草中、枯叶间及石块缝隙中结茧越冬。1代发生区6月上旬至7月下旬，越冬幼虫化蛹，蛹期7d左右，6月下旬至7月上旬为成虫羽化盛期，6月中下旬幼虫开始为害，经30～45d，幼虫老熟后脱果、入土、结茧越冬，8月上旬为脱果盛期。2代发生区，越冬代成虫发生于5月中旬至7月中旬，第1代成虫发生于7月上旬至9月上旬。

成虫昼伏夜出，卵多产于两果相接的缝隙处，也产于梗洼、萼洼或叶柄上。卵期5d左右，初孵幼虫在果面爬行1～3h后蛀果为害。山区果园及管理粗放的果园发生较重，成虫羽化期（尤为越冬代成虫）多雨害虫发生重。

防治核桃举肢蛾的技术如下：

①加强果园管理。初冬或发芽前，深翻树盘，破坏幼虫越冬场所，消灭越冬幼虫。生长季节及时摘除虫果，并拣拾落地虫果。集中深埋，减少园内或越冬虫量。

②地面用药。在成虫羽化出土前进行地面药剂防治。使用48%毒死蜱乳油300～500倍液均匀喷洒树冠下地面，将表层土壤喷湿，然后耙松土壤表面即可。

③树上喷药防治。成虫产卵盛期是树上喷药防治的关键期，1代发生区为6月下旬至7月上中旬，2代发生区分别为5月下旬至6月上中旬和7月中旬至8月上旬。10d左右1次，每代喷药1～2次。常用有效药剂有：48%毒死蜱乳油1500～2000倍液、40%毒死蜱可湿性粉剂1500～2000倍液、52.25%氯氰·毒死蜱乳油2000～2500倍液、24%灭多威水剂800～1000倍液、90%灭多威可溶性粉剂3000～4000倍液、5%高效氯氟氰菊酯乳油3000～4000倍液、4.5%高效氯氰菊酯乳油或水乳剂1500～2000倍液、50%丙溴磷乳油1000～1500倍液、20%甲氰菊酯乳油1500～2000倍液等。

二、铜绿金龟子

铜绿金龟又名铜绿金龟子、青铜金龟、硬壳虫等，属鞘翅目，金龟子科。在全国各地均有分布，可为害多种果树。

铜绿金龟的成虫体长19mm，椭圆形。身体背面铜绿色，头及前胸背板色较深，鞘翅为淡铜绿色或黄铜绿色，有光泽。复眼红黑色，触角浅黄褐色，由9节组成。腹部每节腹板有一排毛，足黄褐色。卵椭圆形，乳白色，表面光滑。老熟幼虫体长约40mm，体向腹面弯曲，呈C形，头部黄褐色，胴部乳白色。腹末节腹板有许多钩状刺毛。裸蛹，初期白色，后渐变为淡褐色。

铜绿金龟每年发生1代，以3龄幼虫在土中越冬。次春越冬幼虫开始活动取食，老熟幼虫作土室化蛹。成虫6月初开始出土，喜傍晚活动，白天多栖息于疏松、潮湿的土壤中，有假死性和强烈的趋光性，于6月中旬产卵于树下作物根系附近土中。7月出现新一代幼虫，取食寄主植物的根部，10月中上旬幼虫在土中开始下迁越冬。

防治铜绿金龟的方法如下：

①冬春翻树盘，铲除杂草，破坏幼虫(蛴螬)生存条件。

②利用金龟子假死习性，于清晨或傍晚敲击树枝，震落捕杀成虫。树下及周围撒药粉。

③在成虫发生期，可利用黑灯光或糖醋液罐诱杀。

④毒饵诱杀，以切碎的野菜置于塑料袋中揉烂，适量加0.5%溴氰菊酯拌匀，傍晚分小堆放于果树下，可杀灭成虫。另外，酸菜汤也有诱集作用，可因地取材诱杀。

⑤成虫为害期，喷施马拉硫磷1000～2000倍液。

⑥在果园里放养鸡鸭，保护果园的鸟类、青蛙、寄生蜂等天敌。

三、芳香木蠹蛾

芳香木蠹蛾又名杨木蠹蛾，俗称红虫子，属鳞翅目，木蠹蛾科。

幼虫群集为害树干根颈部的皮层，老熟幼虫可蛀食木质部，使树干基部呈环状剥皮，严重破坏树干基部及根系的输导组织，受害轻者使树势衰弱，产量下降，重者使整枝或全株枯死。

芳香木蠹蛾的成虫体长 30～40mm，翅展 60～90mm，体翅灰褐色，腹背略暗。复眼黑褐色。前翅上遍布不规则黑褐色横纹。前胸与头连接处有圈白色鳞毛。触角栉齿状，足胫节距有两个。

蛹暗褐色，长 30～40mm，茧长 50～70mm。

在北京、河北、山西、河南、陕西两年 1 代，在西宁 3 年 1 代。以幼虫在被害树干根颈部的蛀道内，或老熟幼虫在根颈附近深 10cm 左右土内结茧越冬。翌年 6—7 月羽化，成虫弱趋光性，多夜间活动。

防治芳香木蠹蛾的方法如下：

①在成虫发生期，可以设置黑光灯诱杀。

②敲击树干根颈部，有空响声，即撬开树皮捕杀幼虫。

③冬季结合刨树盘、土壤深翻，挖出虫茧。

④6—7 月产卵期，在距地面 1.5m 以下树干及根颈部喷 40％乐果乳油 1500 倍液，2.5％溴氰菊酯、20％杀灭菊酯 3000～5000 倍液，防治初孵幼虫。

⑤5—10 月幼虫为害期，用 40％乐果 20～50 倍液注入或喷入虫道内，并用湿泥土封严，毒杀幼虫。

⑥注意保护和利用啄木鸟等天敌。

四、云斑天牛

云斑天牛（图 7-1）又名核桃大天牛，属鞘翅目、天牛科。幼虫在皮层及木质部钻蛀隧道，凡受害树大部枯死，是核桃树的毁灭性害虫。云斑天牛的成虫体长 57～97mm，体灰黑色。前胸背板有两个肾形白斑，小盾片白色，鞘翅基部密布黑色瘤状颗粒，鞘翅上有大小不等的白斑，似云片状。体两侧从复眼后方至最后一节有 1 条白带。卵为长椭圆形，略弯曲，长 8～9mm，淡土黄色。幼虫体长 74～87mm，黄白色，略扁。前胸背板橙黄色，且有黑色点刻,两侧白色,有一半月牙形橙黄色斑块。后胸及腹部 1～7 节背面和腹面分别有瘤口。蛹为褐色。

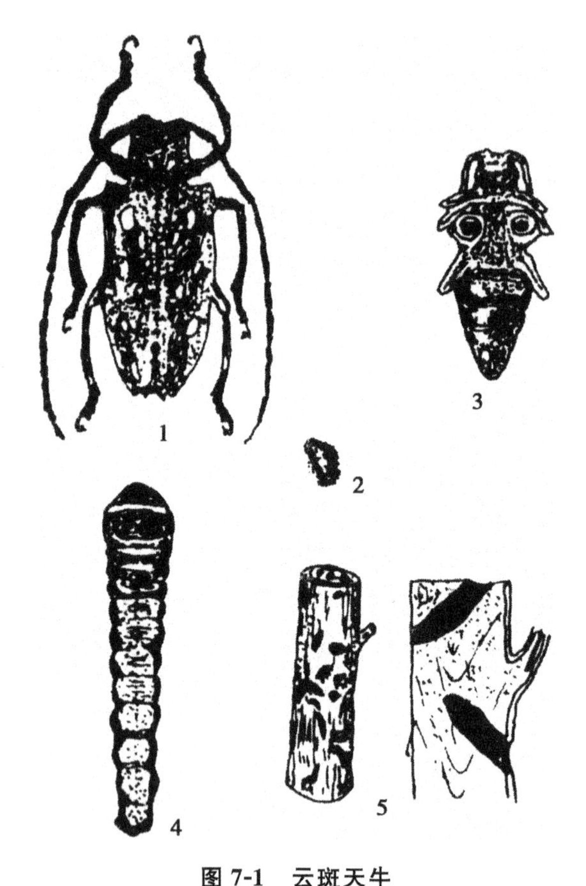

图 7-1　云斑天牛

(图片来源:任成忠主编《中国核桃栽培新技术》,p97)

1—成虫;2—卵;3—幼虫;4—蛹;5—为害状

云斑天牛每两年为 1 代,以成虫或幼虫在树干内过冬。陕西、河南等地,成虫于 5 月下旬开始钻出,啃食核桃当年生枝条的嫩皮,食害 30～40d,开始交配、产卵。成虫寿命最长达 3 个月。卵多产在树干离地面 2m 以内处。产卵时在树皮上咬成长形或椭圆形刻槽,将卵产于其中,一处产卵 1 粒。卵经 10～15d 孵化。幼虫孵化后,先在皮层下蛀成三角形蛀痕,幼虫入孔处有大量粪屑排出,树皮逐渐外胀纵裂,被害状极为明显。幼虫在边材为害一个时期，即钻入心材，在虫道中过冬。来年8月在虫道顶端作一蛹室化蛹，9月羽化为成虫，即在其中过冬。第三年核桃树发枝后，成虫从树干上咬一圆孔钻出。每雌虫产卵20粒左右。

防治云斑天牛的方法如下：

①成虫发生期，人工捕捉。

②成虫产卵后，有产卵刻槽，可用石头或铁锤砸卵槽，消灭卵或初孵幼虫。

③幼虫为害期，发现树干上有粪屑排出时，用刀将树皮剥开挖出幼虫。或从虫孔塞入磷化铝片，每孔按剂量0.2～0.3g（每片0.6g，即1/3～1/2片），塞后用黏泥封闭。

五、木撩尺蠖

木撩尺蠖属鳞翅目、尺蠖蛾科。又名木�步曲，俗称小大头虫。在我国华北、西北、西南、华中和台湾省均有分布。在太行山麓的河北、河南和山西的10余个县，有些年份曾大量发生，3～5d吃光树木和农作物叶子，严重威胁农林生产。寄主植物150余种，主要为害木撩和核桃。

木撩尺蠖的成虫，雌蛾触角丝状，雄蛾触角短羽状。前、后翅灰白色，近外缘有一串橙色及褐色组成的椭圆形斑，前翅7个，后翅5～6个，不明显；翅面有灰斑，灰斑的变异很大，前、后翅中室端部常各有1个大灰斑。卵为扁圆形，初为绿色，渐变为灰绿色，孵化前变暗绿色。卵块上覆一层黄棕色鳞毛。幼虫在老熟时体长约75mm，为害核桃的幼虫多为淡黄褐色。体上散生颗粒状突起。头部密生粗颗粒，头顶两侧具峰状突起，头与前胸在腹面连接处具一黑斑。蛹为黑褐色有光泽。蛹体前端背面左右各有一耳状突起，每个突起由6～7瓣合成，边缘不整齐。腹末臀棘短而宽，肛孔与臀棘两侧各有3个峰状突起。

木撩尺蠖在我国华北地区每年1代，以蛹在树干周围的土中、梯田壁缝或碎石堆内越冬。成虫羽化期最早在5月上旬，7月中下旬为盛期,8 月底为末期。7 月上旬至 8 月下旬幼虫孵化,孵化盛期为 7 月下旬至 8 月上旬,7 月上旬至 10 月下旬发生幼虫,7 月下旬至 8 月为为害盛期。幼虫历期 45d 左右。

成虫不活泼,有较强的趋光性,多于夜间 10～12 时活动,寿命 4～12d。卵多产于粗糙的树皮缝内或石块上,每雌产卵量多为 1000～1500 粒。卵期 9～11d。初孵幼虫有群集性,可吐丝下垂,借风力转移为害,2 龄后分散为害,5～6 龄时食量猛增,树叶被吃光后,即转害大田作物。8 月中旬至 10 月下旬老熟幼虫坠地入土化蛹越冬。幼虫停留时以腹足和臀足抓紧枝条,全身竖起,似一短棍,所以称作"棍虫"。

木撩尺蠖在冬季少雪、春季干旱的年份发生轻。5 月的适量降雨有利于成虫羽化,幼虫发生量大。不同生态环境越冬死亡率也不同,阳坡死亡率高于阴坡,深山区低于浅山区,灌木丛生的荒山低于植被稀疏的荒山。

防治木撩尺蠖的方法如下:

①可在 5—8 月待成虫羽化期间,用黑光等或堆火来诱杀成虫。

②早秋或者早春开始整地和修台堰时,在树盘内人工挖蛹。

③喷药应在幼虫 4 龄前进行,即在成虫羽化盛期过后 23～25d。有效的药剂有 25%可湿性西维因 300～500 倍液、75%辛硫磷 2000 倍液、2.5%溴氰菊酯乳油 2000 倍液等。

六、吉丁虫

吉丁虫俗称钉子虫,属钻蛀式害虫,主要为害枝条,常见的分布地区为山西、山东、河南、河北等。

吉丁虫成虫的体长为 4～7mm,呈黑色,有铜绿色金属光泽,触角锯齿状,头、前胸背板及鞘翅上密布小刻点,鞘翅中部两侧向内凹陷。吉丁虫卵多呈椭圆形、扁平,长约 1.1mm,初期卵为乳白色,而后逐渐变为黑色。幼虫的体长 7～20mm,身体扁平,颜色呈乳白色，头棕褐色，缩于第一胸节，胸部第一节扁平宽大，腹末有一对褐色尾刺。背中有一条褐色纵线。吉丁虫的幼虫在2～3年生枝条皮层中串食为害，造成枝梢干枯，幼树生长衰弱，甚至死亡。吉丁虫的蛹为裸蛹，身体呈白色，腹眼黑色。

防治吉丁虫的主要方法如下：

①采取肥水、修剪、除虫防病等手段，加强对核桃树综合管理，增强树势，促使树体旺盛生长。

②采用核桃后至落叶前，发芽后至成虫羽化前结合修剪，人工将树上的黄叶枝及病弱枝、枯枝等剪下烧毁，剪时注意多往下剪一段健壮枝，防止遗漏，效果显著且可靠。

③7—8月，经常检查，发现有幼虫蛀入的通气孔，立即涂抹5～10倍氧化乐果，可杀死皮内小幼虫，或结合修剪剪去受害的干枯枝。

七、刺蛾类

刺蛾俗称八角、刺毛虫，又名洋辣子，是一种杂食性害虫。在全国各地均有分布。刺蛾的种类有黄刺蛾、绿刺蛾、褐刺蛾、扁刺蛾等。

(1)黄刺蛾

成虫体长13～17mm，黄色，触角丝状，棕褐色。老熟幼虫黄绿色，体长18～25mm，宽约8mm，体背上具两个哑铃形紫褐色大斑纹。身体上具枝刺，刺上具毒毛。卵扁椭圆形、扁平，淡黄色，长1.4mm。茧椭圆形，长约12mm。质地坚硬，灰白色，具黑褐色纵条纹。

在东北、山东和河北北部等地，1年发生1代；长江流域、河南、河北南部和陕西等地，1年发生两代。以老熟幼虫在树枝处、小枝上或树干粗皮上结茧越冬。翌年5—6月化蛹，6月中旬至7月中旬羽化为成虫，8月中旬第一代羽化成虫产卵，第二代幼虫为害至10月。成虫具有趋光性。

(2)绿刺蛾

成虫体长13～17mm,黄绿色。翅基棕色,近外缘有黄褐色宽带。卵扁椭圆形,翠绿色。幼虫体长约25mm,体黄绿色。背上生有10对刺瘤,这些刺瘤各生毒毛,后胸亚背线毒毛红色,背线红色,前胸有1对黑色突刺,腹末有蓝黑色毒毛4丛。茧椭圆形,栗棕色。

绿刺蛾通常1年发生1～3代,多以老熟幼虫在树干基部结茧越冬。成虫于第二年6月上中旬开始羽化,末期在7月中旬。8月份是幼虫为害盛期。初孵幼虫有群集性。

绿刺蛾成虫的趋光性较强,通常夜间活动。

(3)扁刺蛾

扁刺蛾的成虫体长约17mm,体刺灰褐色。前翅有1条明显暗褐色斜线,线内色淡,后翅暗灰褐色。卵多呈椭圆形,扁平状。幼虫体长约为26mm,黄绿色,扁椭圆形。背面稍隆起,背面白线贯穿头尾。虫体两侧边缘有瘤状刺突各10个,第四节背面有1个红点。茧长椭圆形,黑褐色。

扁刺蛾通常1年发生2～3代,多以老熟幼虫在土中结茧越冬。成虫多于第二年6月上旬开始羽化为成虫。成虫有趋光性。幼虫发生期很不整齐,6月中旬出现幼虫,直至8月上旬仍有初孵幼虫出现,幼虫为害盛期在8月中下旬。

(4)褐刺蛾

成虫体长约18mm,呈灰褐色。前翅棕褐色,有2条深褐色弧形线,两线之间色淡,在外横线与臀角间有1个紫铜色三角斑。其卵多扁平状,呈椭圆形,颜色表现为黄色。幼虫体长约35mm,体绿色。背面及侧面多为天蓝色,各体节刺瘤着生红棕色刺毛,以第三胸节及腹部背面1、5、8、9节刺瘤最长。茧为椭圆形,灰褐色。

1年发生1～2代,以老熟幼虫结茧在土中越冬。

防治刺蛾的方法如下:

①消灭越冬虫茧。可结合秋季挖树盘施肥,冬季修剪等消除

越冬虫茧。

②诱杀。利用成虫的趋光性,利用黑色灯光诱杀成虫。

③人工捕杀。在幼虫聚集期剪除虫枝,集中烧毁。

④保护天敌。可利用上海青蜂对黄刺蛾茧寄生的特性,消灭黄刺蛾的越冬茧。

⑤药剂防治。幼虫为害严重时,在幼虫发生期用苏云金杆菌或青虫菌500倍液,或25%灭幼脲3号胶悬剂1000倍液,或50%辛硫磷乳油100倍液,或90%敌百虫晶体1500倍液,或48%毒死蜱乳油1500倍液,或用每克含100亿个以上孢子的青虫菌粉剂1000倍液喷雾。

八、大青叶蝉

大青叶蝉属同翅目,叶蝉科。又名青叶蝉、青叶跳蝉、大绿浮尘子。全国各地普遍发生,食性杂,寄主广泛。大青叶蝉对核桃树的为害主要是产卵造成的,为苗木和定植幼树的大敌,受害重的苗木或幼树的枝条逐渐干枯,严重时可全株死亡。

大青叶蝉的成虫体长7～10mm。身体黄绿色,头橙黄色,复眼黑褐色,有光泽。头部背面具单眼2个,两单眼之间有多边形黑斑点。前胸背板前缘黄绿色,其余为绿色;前翅绿色并有青蓝色光泽,末端灰白色,半透明。后翅及腹背面烟黑,半透明。腹部两侧、腹面及胸足橙黄色。前、中足的跗爪及后足腔节内侧有黑色细纹,后足排状刺的基部为黑色。卵长卵圆形,长约1.6mm,稍弯曲,乳白色,近孵化时变为黄白色。以10粒左右排列成卵块。

低龄若虫灰白色,微带黄绿。3龄后黄绿色,体背面有褐色纵条纹,并出现翅芽。老熟若虫体长约7mm,似成虫,仅翅未完成发育。

大青叶蝉约1年发生3代,以卵在树干、枝条或幼树树干的表皮下越冬。翌年4月孵化出若虫。若虫孵化后即转移到附近的作物及杂草上群集刺吸为害,并在这些寄主上繁殖2代,5—6

月出现第一代成虫，7—8月出现第二代成虫。第三代成虫于9月出现，仍为害上述寄主。在秋收后，即转移到绿色多汁蔬菜或晚秋作物上。到10月中旬，成虫开始迁往核桃等果树上产卵，10月下旬为产卵盛期，并以卵态越冬。成、若虫喜栖息在潮湿背风处，往往在嫩绿植物上群集为害，有较强的趋光性。

防治大青叶蝉的方法如下：

①在成虫发生期，可利用其趋光性用黑灯光诱杀。

②在成虫产越冬卵前，涂白幼树树干，可阻止成虫产卵。在幼树主干或主枝上缠纸条，也可阻止成虫产卵。

③对于卵量较大的植株，特别是幼树，可组织人力用小木棍将树干上的卵块压死。

④在成虫产卵期，可喷洒80%敌敌畏乳剂1000倍液，或25%喹硫磷乳剂1000倍液，或20%叶蝉散乳剂1000倍液。

九、核桃瘤蛾

核桃瘤蛾（图7-2）又名核桃毛虫、核桃小毛虫。属于鳞翅目、瘤蛾科。主要分布于山西、河南、河北、陕西等地。幼虫咬食核桃叶片为害核桃，属于暴食性害虫，严重发生时几天内能将树叶吃光，造成枝条2次发芽，树势极度衰弱，导致翌年枝条枯死。成虫的体长8～11mm，翅展19～24mm，灰褐色。雌虫触角丝状，雄虫触角羽毛状。前翅前缘基部及中部有3个隆起的深色鳞簇，组成3块明显的黑斑；从前缘至后缘有3条由黑色鳞片组成的波状纹。后缘中部有一褐色斑纹。卵的直径0.4mm左右，扁圆形，中央顶部略凹陷，四周有细刻纹。初产时为乳白色，后变为浅黄色至褐色。老熟幼虫体长12～15mm，背面棕褐色，腹面淡黄褐色，体形短粗而扁。中后胸背面各有4个毛瘤，两个较大的毛瘤着生较短的毛，两个较小的毛瘤着生较长的毛。体两侧毛瘤上着生的毛长于体背毛瘤上的毛。腹面第四节至第七节背面中央为白色。胸足3对，腹足3对，着生在第四至第六腹节上；臀足1对，着生在

第十腹节上。蛹的体长 8～10mm,黄褐色,椭圆形,腹部末端半球形。越冬茧长圆形,丝质细密,浅黄白色。

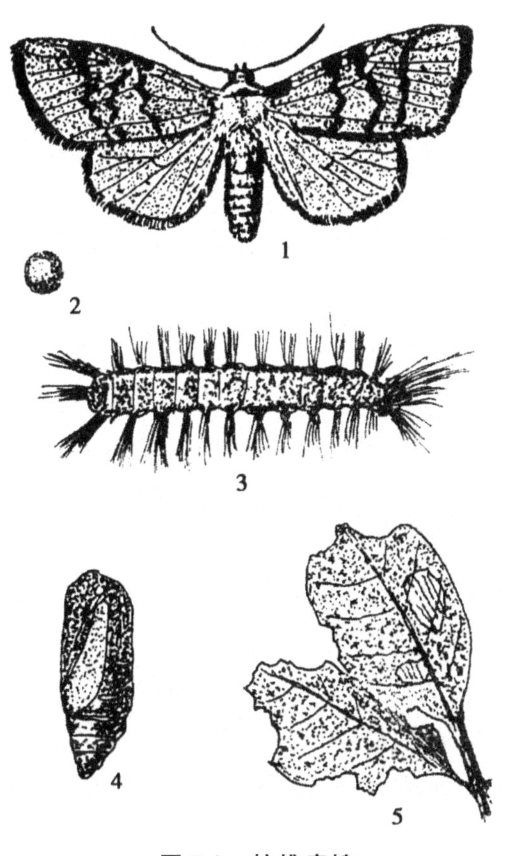

图 7-2 核桃瘤蛾

(图片来源:任成忠主编《中国核桃栽培新技术》,p98)

1—成虫;2—卵;3—幼虫;4—蛹;5—为害状

1 年发生两代,以蛹在石堰缝(约 95%)、土缝、树皮裂缝及树干周围的杂草和落叶中越冬。成虫有趋光性,黑光灯对其引诱力最强,蓝色灯光次之,一般灯光诱不到蛾子。成虫在前半夜活动性强。羽化后 2d 产卵,卵期 4～5d。卵散产于叶片背面主侧叶脉交叉处,每处多数只产 1 粒卵。卵表面光滑,无其他覆盖物。越冬代成虫的羽化期自 5 月下旬至 7 月中旬计 50 余天,盛期为 6 月上旬;第一代成虫的羽化期自 7 月中旬至 9 月中旬计 50 余天,盛期在7月底至8月初。越冬代雌蛾产卵量为70粒左右，第一代雌蛾产卵量为260粒左右，持续300d左右。

幼虫多为7龄，幼虫期18～27d，三龄前的幼虫在孵化的叶片上取食，受害叶仅余网状叶脉；三龄后的幼虫活动能力增强，能转移为害，受害叶仅余主侧脉，偶见核桃果皮受害。幼虫老熟后多于凌晨1～6时沿树干下爬，寻找石缝、土缝及石块下作茧化蛹。第一代老熟幼虫下树期自7月初至8月中旬约45d，盛期在7月下旬；第二代老熟幼虫的下树期从8月下旬至9月底、10月初，计40d左右，盛期在9月上中旬。

第一代蛹期6～14d，第二代蛹期(越冬蛹)9个月左右。阳坡、干燥的石堰缝中越冬蛹的存活率高于明坡、潮湿石堰缝中的蛹。树冠外围的叶片受害较重，上部的叶片受害重于下部的叶片。

防治核桃瘤蛾的方法如下：

①利用老熟幼虫下树化蛹的习性，可在树干周围半径0.5m的地面上堆积石块，对其进行诱杀。

②6月中旬到7月中旬为成虫出现盛期，可以利用成虫对黑光的趋光性，用黑光灯来诱杀。

③6—7月是幼虫发生的为害期，可采用药剂防治，如喷洒4.5%高效氯氰菊酯乳油800倍液，或90%敌百虫晶体800倍液，或2.5%溴氰菊酯乳油6000倍液进行防治。

十、核桃缀叶螟

核桃缀叶螟以幼虫为害核桃叶片。初龄幼虫群集在叶片上吐丝结网，在网内啃食叶肉，叶片受害成筛网状。2、3龄后，一窝分为几群，将叶片缀连在一起，于内部取食为害，将叶片食成缺刻或仅剩余叶脉，粪便排于缀叶内。4龄后开始分散为害。1头幼虫将叶片缀合成筒形，并在叶筒内吐丝缀一丝状筒，虫体藏于其内，头部探出取食叶片，粪便排于内部，受惊吓后身体缩回丝筒内。初期卷食复叶，随卷食为害叶片增多，最后形成卷叶团。幼虫白天静伏于叶筒内，夜间取食为害。严重时，将局部树叶吃光，甚至吃光全树叶片。

核桃缀叶螟 1 年发生 1 代，以老熟幼虫在树基部周围的土中结茧越冬，入土深度多 10cm 左右。翌年 6 月中旬至 8 月上旬越冬幼虫化蛹，化蛹盛期在 6 月底至 7 月中旬。6 月下旬开始羽化出成虫，7 月中旬为羽化盛期。成虫在叶面上产卵。7 月上旬至 8 月上中旬为幼虫孵化期，7 月底至 8 月底为孵化盛期。进入 8 月中旬后，幼虫陆续老熟，入土做茧越冬。

防治核桃缀叶螟的技术如下：

①在秋后土壤封冻前或春季土壤解冻后，深翻树盘土壤，将越冬虫茧深埋地下，促进其死亡，或拣拾虫茧集中销毁。幼虫发生初期，利用其群集结网为害习性，及时摘除虫苞、剪除虫网，集中深埋或烧毁。

②在 7 月中下旬幼虫发生为害初期开始喷药，10d 左右 1 次，连喷 1～2 次，杀灭初孵幼虫。常用有效药剂有：25%灭幼脲悬浮剂 1500～2000 倍液、20%杀铃脲悬浮剂 3000～4000 倍液、24%虫酰肼悬浮剂 2000～3000 倍液、200g/L 氯虫苯甲酰胺悬浮剂 4000～5000 倍液、20%氟虫双酰胺水分散颗粒剂 3000～4000 倍液、1.8%阿维菌素乳油 2500～3000 倍液、48%毒死蜱乳油 1500～2000 倍液、40%毒死蜱可湿性粉剂 1500～2000 倍液、52.25%氯氰·毒死蜱乳油 2000～2500 倍液、4.5%高效氯氰菊酯乳油或水乳剂 1500～2000 倍液、2.5%高效氯氟氰菊酯乳油 1500～2000 倍液等。

十一、黄须球小蠹

黄须球小蠹也叫小蠹虫。在陕西、河南、河北、四川等核桃产区均有发生。黄须球小蠹的成虫和幼虫多以核桃的枝梢和芽为食物，常与核桃举肢蛾、小吉丁虫同时为害，致使枝梢和芽的枯死速度加速，严重时整个顶芽也可能全部被损害，造成减产甚至绝产。

黄须球小蠹的成虫椭圆形，长2.3～3mm，初羽化黄褐色，后变黑褐色。卵椭圆形，长约0.1mm，初产时白色，后变黄褐色。幼虫椭圆形，体长2.2～3mm，乳白色，无足。蛹为裸蛹，圆球形，羽化前黄褐色。

该虫1年发生1代，以成虫在顶芽内越冬。翌年4月上旬开始活动，4月下旬至5月上旬为产卵盛期，7月上中旬为羽化盛期，即成虫危害盛期，1个成虫从羽化到越冬可食害顶芽3～5个。

防治黄须球小蠹的主要方法如下：

①采果后到落叶前进行适当修剪，对收集到的虫枝采取烧毁措施，以此消灭越冬虫卵。

②3月下旬至4月底越冬是成虫的产卵期，可将半干的核桃枝条挂在树上作为诱饵，诱集成虫产卵，6月中旬成虫羽化前将饵枝取下烧毁。

③6—7月成虫出现期，每隔10～15d喷洒1次25%西维因600倍液，或2.5%溴氰菊酯乳油800倍液，或50%杀螟硫磷乳油1000～1500倍液。

十二、核桃瘿螨

核桃瘿螨属蛛形纲、蜱螨目、瘿螨科。主要为害叶片，初为苍白色不规则斑点，后被害处隆起成灰白色瘿瘤，瘿瘤逐渐变为红褐色，破裂后叶面呈疮痂状。严重时叶片皱缩或卷曲，质地变硬。以成螨在被害叶片、芽鳞中越冬，翌年随着芽的伸长、嫩叶抽出，即侵入叶片内吸食为害，以后被害部逐渐隆起形成虫瘿。一般夏季高温干燥的条件下为害严重。

防治核桃瘿螨的方法如下：

①清除落叶，集中烧毁。

②在核桃树发芽前喷洒5波美度的石硫合剂可杀灭越冬成

螨，这是防治该螨的关键时期。展叶后可喷洒40％螨卵酯可湿性粉剂1000～2000倍液杀卵，或喷0.2～0.4波美度的石硫合剂杀灭幼螨。

十三、黑斑蚜

核桃黑斑蚜属同翅目、斑蚜科。以成、若蚜在核桃叶背及幼果上刺吸为害。在山西省核桃产区普遍发生。每年发生15代左右，以卵在枝杈、叶痕等处的树皮缝中越冬。第二年4月中旬为越冬卵孵化盛期，孵出的若蚜在卵壳旁停留约1h后，开始寻找膨大树芽或叶片刺吸取食。4月底5月初干母若蚜发育为成蚜，孤雌卵胎生产生有翅孤雌蚜，有翅孤雌蚜每年发生12～14代，不产生无翅蚜。成蚜较活泼，可飞散至邻近树上。成、若蚜均在叶背及幼果上为害。8月下旬至9月初开始产生性蚜，9月中旬性蚜大量产生，雌蚜数量是雄蚜的2.7～21倍。交配后，雌蚜爬向枝条，选择合适部位产卵，以卵越冬。

防治核桃黑斑蚜的方法如下：

①药剂防治。该蚜1年有2个为害高峰，分别在6月和8月中下旬至9月初，喷洒50％抗蚜威可湿性粉剂5000倍液或35％伏杀磷乳剂1000倍液，有很好的防治效果。

②保护天敌。核桃黑斑蚜的天敌主要有七星瓢虫、异色瓢虫、大草蛉等，应注意保护利用。

十四、草履蚧

草履蚧又名草鞋介壳虫、草履硕蚧等，俗称树虱子。属同翅目、硕蚧科。草履蚧的若虫和雌成虫常成堆聚集在芽腋、嫩梢、叶片和枝杆上，吮吸汁液为害，造成植株生长不良，树势衰弱，降低产量。该虫分布于辽宁、河北、河南、山东等省、自治区、直辖市。

草履蚧每年发生1代。以卵在土中越夏和越冬；翌年1月下旬至2月上旬，在土中开始孵化，能抵御低温，在“大寒”前后的堆雪下也能孵化，但若虫活动迟钝，在地下要停留数日，温度高，停留时间短，天气晴暖，出土个体明显增多。孵化期要延续1个多月。若虫出土后沿茎秆上爬至梢部、芽腋或初展新叶的叶腋刺吸危害。雄性若虫4月下旬化蛹，5月上旬蜕化为雄成虫，羽化期较整齐，前后2周左右，羽化后即觅偶交配，寿命2～3d。雌性若虫3次蜕皮后即变为雌成虫，自茎秆顶部继续下爬，经交配后潜入土中产卵。卵有白色蜡丝包裹成卵囊，每囊有卵100多粒。草履蚧若虫、成虫的虫口密度高时，往往群体迁移，爬满附近墙面和地面，令人厌恶。

防治草履蚧的方法如下：

①挖杀卵囊。冬季结合挖树盘、施基肥等办法，挖除根周围的卵囊，集中烧毁。

②阻杀上树若虫。2月初将树干基部10cm宽的老皮刮除1周，然后涂上黏虫胶或废机油、棉油泥等。黏虫胶可用柴油（废机油、蓖麻油也可）500g，放入松香粉250g，加热熔化后即可备用。

③药杀下树雌虫。可利用雌成虫有交配后下树产卵的习性，在树干上刮除老皮后绑5～10cm宽的塑料薄膜，再在膜上涂黏虫药膏。药膏制法：黄油10份、机油5份、药剂1份，充分混匀即可。药剂可用对硫磷、溴氰菊酯等。

④若虫期喷药防治。若虫发生期喷洒25%西维因可湿性粉剂400～500倍液，或喷5%吡虫啉乳油，或50%杀螟松乳油1000倍液。

十五、斑衣蜡蝉

斑衣蜡蝉又名斑衣、樗鸡、椿皮蜡蝉。属同翅目、蜡蝉科。以成虫、若虫群集在叶背、嫩梢上刺吸危害，栖息时头翘起，有时可见数十头末龄若虫群集在新梢上，排列成一条直线；引起被害植株发生煤污病或嫩梢萎缩、畸形等，严重影响植株的生长和发育。该虫主要分布于河北、河南、陕西、山东等省、自治区、直辖市。

每年发生1代，以卵块在枝干上越冬。翌年4～5月孵化为若虫，若虫喜群集于嫩茎和叶背为害，若虫期约60d，经4次蜕皮后羽化为成虫。8月开始交尾产卵，以卵越冬。成、若虫均有群集性，活泼，弹跳力很强。成虫寿命达4个月，10月下旬之后陆续死亡。

防治斑衣蜡蝉的方法如下：

①核桃林附近不种植臭椿、苦楝等斑衣蜡蝉喜食的植物，以减少虫源。

②结合冬季管理，将卵块压碎，彻底消灭虫卵。

③在卵的孵化末期，喷洒50%敌敌畏乳剂1000倍液，或50%对硫磷乳剂2000倍液。

第三节　各物候期核桃病虫害的无公害综合防治

良好的栽培管理技术是果树丰产的物质基础，及时合理地防治病虫害是果树健康生长并获得优质果品的重要保证。在我国为害核桃的病虫害种类较多，目前已知的害虫有120余种，病害有30多种。依其主要受害部位与器官，可分为：叶部病虫害、枝干病虫害、果实病虫害与根部病虫害等四类。从全国来看，有的地方主要是虫害，有的地方虫害、病害同时为害或交替发生为害。以往，果园长期依赖化学农药防治病虫害，极易产生许多不良效果。因此在产地环境安全的前提下，生产无公害果品必须依赖病虫害综合防治技术。

一、无公害防治原则

（一）预防为主，综合防治

这是我国果树病虫害防治的总方针。“预防为主”是指在病虫害发生前采取必要的措施，把病虫害消灭在未发生前或初发阶段。“综合防治”是指从生物与环境的总体出发，充分利用自然界抑制病虫害的各种因素，创造不利于病虫害发生及为害的环境条件，有机地选用各种必要的防治措施，即以农业综合防治为基础，根据病虫害的发生发展规律，因时、因地制宜，合理运用物理措施、生物技术及化学药剂防治等，经济、安全、有效地控制病虫为害。既要达到高产、优质、高效的目的，又要把可能产生的副作用降到最低限度，以保护和恢复生态平衡。对于果树而言，主要包括三点内容：一是从果树生产的自身特点和生态系统的总体观念出发，各种防治措施都要考虑病虫害与各种因素的相互关系，既要注意当时的防治效果，又要考虑多年持续性的生产特点，同时还要保护有益生物，避免各种有害的副作用；二是要注意各种措施的有机协调与配合，充分利用农业综合措施，在此基础上合理选择并配合使用物理的、生物的及化学药剂等有效方法，因时、因地、因病虫害种类不同而采取必要的防治技术，最终达到经济有效的防治目的；三是要全面考虑经济、安全、有效三者的有机结合，无论采取何种措施，都既要控制病虫为害，又要注意节约人力财力，降低防治成本，最终达到丰产、丰收、高效，并要保证人畜安全，避免或减少对环境的污染和对生态平衡的破坏。

（二）立足群体，点面结合

核桃果园的群体是由为数不多的单株构成的，一旦其中的某一单株出现病虫害，就意味着如果防治措施不当，群体发病的现象将可能出现。因此，我们在采取措施防治核桃病虫害时，应点面结合，在注意群体面的同时，还必须重视单株；在全面防治的同时，还必须重视少数植株的病虫害治疗。例如，有些害虫（如介壳虫类）在园内扩展蔓延速度缓慢，发生危害具有相对局限性，甚至只发生在个别植株上，对于这类害虫防治时就应以单株为单位进行挑治，既达到防治目的，又可节约投入成本。病斑和病树治疗及害虫防治，既是避免死枝死树、保持园貌整齐的重要环节，也是预防病虫害由点到面扩大流行的有效措施。

（三）措施合理，切中要害

以最少的人力、物力、财力，最大限度地控制病虫为害是搞好果树病虫害综合治理的基本要求。要满足这一基本要求，必须从以下几个方面入手：

①充分掌握病虫害的发生规律和发生特点，使有限的人力、物力、财力能够在关键时刻起到必要的作用。

例如，利用核桃瘤蛾幼虫白天在树皮缝隐蔽和老熟幼虫下树作茧化蛹的习性，可在树干上绑草诱杀，而利用成虫的趋光性于6月上旬至7月上旬成虫大量出现期间设黑光灯诱杀。

②制定合理的防治指标，除少数特别危险性或检疫性病虫害要立足于彻底控制外，对绝大多数病虫害均不必要求其完全不发生。

例如，对叶部病虫害，只要能控制叶片不早期大量脱落即可；对果实病虫害，只要能控制到病虫果率不超过5%即可。过高的要求，只能用过高的防治投资来实现，不符合经济效益原则。

（四）保护和利用环境，合理用药

病虫害的发生为害程度受环境条件制约，其中许多是可人工控制因素。在栽培管理过程中，有目的地创造有利于树体生长发育的环境条件，使树体生长健壮，提高其抗病虫能力，同时，创造不利于病虫活动、繁殖和侵染的环境条件，减轻病虫害的为害程度，是最理想的综合防治技术。通过控制小气候因素，减轻病虫害的发生为害程度，减少用药次数，保护环境，降低支出。如合理修剪、使果园通风透光良好，可降低核桃炭疽病的发生为害程度，合理的土肥水管理，可使土壤疏松，通气良好，微生物活跃，提高肥力，有利于根系生长，可以减轻根病为害。

农药虽然是保证果树健康生长发育的主要措施之一，但使用不当往往污染环境、增加防治成本、造成农药残留，还会使生态平衡受到严重破坏，诱发许多病虫严重发生，因此，通常我们需要积极推广病虫害的非农药防治措施，采取综合防治技术，逐渐减少对农药的依赖性。

二、综合防治方法

（一）植物检疫

植物检疫是指应用强制手段和科学方法，在遵循国家相关法规和条例的前提下，预防和阻断危险性病虫杂草从国外传入国内或国内某些地区间传播。为防止病虫害的出现，在果园定植、高接换种和引进种苗时应加强植物检疫工作，严格把关，禁止将带有检疫性病虫害的苗木、接穗引进我国。选择抗病虫和免疫力强的品种，提高自身的保护能力。

涉及落叶果树植物检疫对象有以下三类。

第一类为有害生物地中海实蝇、苹果蛾、梨火疫病。

第二类为有害生物美国白蛾、日本金龟子、苹果根瘤蚜、李属坏死斑病毒。

第三类有害生物共 109 种，其中包括苹果棉蚜和李痘病毒。

地中海实蝇是世界公认的最具毁灭性的农业害虫，至今国内尚无此虫。日本金龟子是一种杂食性害虫，寄主多达 300 多种。

（二）农业防治

农业防治是根据农业生态环境与病虫害发生的关系，通过改善生态环境，合理应用品种抗病虫性及一系列的栽培管理技术，有目的地改变核桃园生态系统中某些因素，使之有利于有益生物的生存，抑制病害的侵染、扩展和控制害虫的种群增长速度，达到控制病虫发生，减轻危害程度，获得生产优质、安全农产品的目的。

农业生态控制技术具有灵活、多样、经济、简便的特点，其可在作物生产期内，结合生态环境，栽培管理，不需要特殊的设备和器材，不用增加劳动投资与生产费用，即可收到很好的控制效果。此外，农业生态防治不存在杀伤天敌、农药残留和环境污染等问题。这些特点就决定了农业生态控制技术在无公害核桃生产过程中的重要地位。

选育抗病虫品种作为预防病虫的重要环节之一，其应用的基本原理是：同一树种经过长期的自然选择和人工选择，逐渐形成了许多不同的品种，这些树种具有了不同的性状及不同的抗病虫能力。

核桃抗病育种与其他果树比较，进展相对滞后。这是因为我国的晚实核桃较少发生病害，加之以实生树为主的核桃园在抗病性上各有不同的生理机制，因此，实生群体相对地具有较强的抗病能力。随着品种化栽培以及早实核桃栽培面积的扩大，病害日渐严重。我国曾有过以枫杨、核桃楸等作砧木的经验，枫杨作砧木时，表现树体生长旺盛，但常发生后期不亲和，且不同种类的枫杨嫁接亲和力差异甚大，故国内未能成功地推广。而美国却有小片的以中国枫杨嫁接的核桃园。核桃楸作砧木仅限于野生核桃楸林的改造，曾在北京及河北部分山区采用。但因核桃楸生长缓慢，易形成“小脚”现象，也未成为核桃的主要砧木。云南省多用铁核桃作砧木嫁接泡核桃，至今仍在广泛应用。欧美各国采用黑核桃（J. nigra）、北加州黑核桃（J. hindsii）以及一些种间杂种，如奇异核桃（Paradox）作砧木，以增强抗逆性与抗病能力，并取得了一定成效。

抗病遗传基因较为复杂，目前已成为世界核桃育种的主要目标之一，应继续深入研究华北核桃资源抗病性机制，筛选抗病基因。

（三）化学（药剂）防治

通过化学农药对病虫害进行防治的方法称为化学防治法，即药剂防治法。在病虫害大发生时期，化学农药的防治，对病虫害的防治仍具有不可替代的作用，是目前病虫害防治的最主要方法。

化学防治过程应注意农药品种的选择，要求严格执行《农药合理使用准则》，以减少害虫对农药的抗药性，保护生态环境，以生产出绿色果品为出发点，尽量少用或不用对人畜和自然环境不利的化学农药，严格推广矿物源、植物源、生物农药和昆虫生长调节剂，把病虫害的危害控制在经济允许水平以下。

（四）生物防治

生物防治方法以对树体无害为前提，坚持以虫治虫，以菌治虫，以鸟治虫的原则，利用寄生性天敌、捕食性天敌或病原微生物及其产品等来控制害虫密度或抑制病原菌扩展蔓延，从而达到减轻核桃园病虫危害的目的。

1. 天敌的保护和利用

在果园生态系统中，物种之间存在着既相互制约又相互依存的关系，由于害虫自然天敌的存在，一些潜在的害虫受到抑制，能使果园虫害种群数量维持在为害水平之下，不表现或无明显的虫害特征。因此，在果园中害虫的天敌对害虫的密度和蔓延起到了减少和抑制作用。

2. 人工饲养和释放天敌

松毛虫赤眼蜂是刺蛾等叶部害虫天敌，通过人工投放松毛虫赤眼蜂防治刺蛾等叶部害虫已经取得了非常好的效果。目前，赤眼蜂人工卵已可进行半机械化生产。在卷叶蛾为害率 5% 的果园，第一代卵发生期连续释放赤眼蜂 3～4 次，可有效控制其为害。

3. 从国外引进天敌

我国 20 世纪 50 年代初引进澳洲瓢虫，在广州市郊柑橘园释放，1 年后吹绵蚧受到控制。引进日光蜂防治棉蚜，也取得较好效果。与化学农药防治相比，从国外引进天敌不但具有保护生态环境等多方面好处，而且还是一项高效益的防治策略。

4.利用昆虫激素防治害虫

利用昆虫激素防治果树害虫是果树生产中应用比较广泛的技术手段。

昆虫激素分为外激素和内激素两种。其中，外激素是昆虫分泌出的一种挥发性物质，如性外激素和告警外激素；内激素是昆虫分泌在体内的化学物质，可对昆虫的发育和变态等进程进行调节，如保幼激素、蜕皮激素和脑激素。

基于昆虫主要是通过嗅觉和听觉求得配偶的特性，性外激素在果树害虫防治工作中比内激素的使用范围更为广泛。人为地采用性外激素大量诱集雌虫，使雌虫失去交尾机会，从而不能繁殖，达到防治害虫的目的。

（五）物理防治

害虫对温度、光、热等物理现象的不同反应以及水、机械等方面的作用，可采用物理防治手段来消灭病虫，以此达到抑制病虫的生长繁殖，消灭病虫的目的。如利用糖醋液、灯光诱杀虫害；7 月在树干上绑草把，11 月把草把取下烧毁，消灭越冬幼虫；摘除卵块，挖虫蛹；利用成虫的假死性震落树上的成虫，加以捕杀；人工或机械除草；采用高分子膜保护枝干等。

1.黑光灯诱杀

有些害虫喜欢在夜间活动，并对黑光灯有明显的趋性，可利用此习性，设置黑光灯诱杀成虫。黑光灯能诱杀百余种害虫，其中有严重为害核桃树的如枯升蛾、毒蛾、卷叶蛾、金龟子、木蠹蛾、地老虎、天牛等害虫。这些害虫的活动时间有一定的规律，有的上半夜活动，有的下半夜活动。为了充分诱杀各类害虫，应全夜亮灯。若只为诱杀某一种害虫，可根据该虫活动规律适时开灯。

黑光灯在诱杀害虫的同时，也诱杀了一些天敌昆虫。所以此法只有在核桃园害虫大面积成灾的情况下才采用。

2. 利用害虫的趋化性，配制毒饵诱杀害虫

比如可配糖醋液（适量杀虫剂、糖 6 份、醋 3 份、酒 1 份、水 10 份），诱杀小地老虎。

3. 利用害虫的假死性捕杀害虫

利用害虫的假死性捕杀害虫，例如，金龟子等害虫具有假死性，在清晨或傍晚摇动树干，待害虫落地后将其捕杀。

4. 越冬诱集害虫，翌年集中消灭

利用一些害虫在树皮裂缝中越冬的习性，在树干上束草，绑破布和废报纸等，诱集害虫越冬，翌年害虫出蛰前集中消灭。

5. 冬季树干涂白

进入冬季，为防止日灼、冻裂，阻止芳香木蠹蛾、天牛等产卵，可对树干进行适当涂白。

6. 温汤浸种

温汤浸种是核桃病虫害防治较常用的一种物理防治方法。核桃育苗时，在适当的温汤中浸种，既可杀菌，又可杀死核桃中的害虫。

三、农药的使用标准

生产优质安全果品，应禁止使用剧毒、高毒、高残留和致畸、致癌、致突变的农药，提倡使用高效、低毒、低残留的无公害农药。在使用农药时要注意用药安全，不能导致药害；尽量采用低毒、低

残留农药，以降低残留与污染，并避免对生态平衡的破坏；选择高效药剂，保证防治效果，充分控制病虫危害；要耐雨水冲刷，充分发挥药效，减少用药次数；合理选用混配农药，既要充分发挥不同类型药剂的作用和特点，又要避免一些负面作用；使用农药应有长远和全局观点，不能只顾眼前和局部利益。

（一）严格执行农药使用准则

国家对农药的使用进行了严格的规定，禁止和限制了一些农药的生产和使用。

1.禁用的农药

有机磷类高毒药（如对硫磷、甲基对硫磷、久效磷、甲胺磷等）；氨基甲酸酯类高毒药（如灭多威、呋喃丹等）；有机氯类高毒、高残留药（如六六六、滴滴涕）；有机砷类高残留致病药（如砷酸铅等）；二甲基甲脒类慢性中毒致癌药（如杀虫脒）；具连续中毒及慢性中毒的氟制剂（如氟乙酰胺、氟化钙等）。

2.推荐农药

（1）生物制剂和天然物质

苏云金杆菌（Bt、青虫菌、敌宝）、甜菜夜蛾核多角体病毒、银纹夜蛾核多角体病毒、小菜蛾颗粒体病毒、茶尺蠖核多角体病毒、棉铃虫核多角体病毒、苦参碱（蚜螨敌、苦参素）、印楝素、烟碱、鱼藤酮、苦皮藤素、阿维菌素（爱福丁、灭虫灵、齐螨素、虫螨克）、多杀霉素（菜喜）、浏阳霉素、白僵菌、除虫菊素、硫磺。

（2）合成制剂

溴氰菊酯（敌杀死）、氯氟氰菊酯（百树得）、氯氰菊酯（农地乐）、联苯菊酯（天王星）、氰戊菊酯（速灭杀丁）、甲氰菊酯（灭扫利）、氟丙菊酯、硫双威、丁硫克百威、抗蚜威（辟蚜雾）、异丙威、速灭威、辛硫磷、毒死蜱（乐斯本）、敌百虫、敌敌畏、马拉硫磷、乙酰甲胺磷、乐果、三唑磷、杀螟硫磷、倍硫磷、丙溴磷、二嗪磷、亚胺硫磷、灭幼脲、氟啶脲、氟铃脲、氟虫脲(卡死克)、除虫脲、噻嗪酮、抑食肼、虫酰肼(米满)、哒螨灵(扫螨净、灭螨灵、牵牛星)、四螨嗪、唑螨酯、三唑锡、克螨特(炔螨特、灭螨特)、噻螨酮(扑虱灵)、苯丁锡、单甲脒、双甲脒、杀虫单、杀虫双、杀螟丹、甲胺基阿维菌素、啶虫脒(莫比朗)、吡虫啉(大功臣、蚜虱净、一遍净)、灭蝇胺、氟虫腈、溴虫腈、丁醚脲。

3. 杀菌剂

(1)无机杀菌剂

碱式硫酸铜、王铜、氢氧化铜(可杀得)、氧化亚铜(铜大师)、石硫合剂。

(2)合成杀菌剂

代森锌、代森锰锌(新万生、大生)、福美双、乙磷铝(疫霉灵、克霉、霉菌灵)、多菌灵、甲基硫菌灵、噻菌灵、百菌清(达科宁)、三唑酮(粉锈宁)、三唑醇、烯唑醇(禾果利、速保利、特普唑)、戊唑醇、己唑醇、腈菌唑、乙霉威·硫菌灵、腐霉利(速克灵)、异菌脲(扑海因)、霜霉威(普力克)、烯酰吗啉·锰锌(安克·锰锌)、霜脲氰·锰锌(克露)、邻烯丙基苯酚、嘧霉胺、氟吗啉、盐酸吗啉胍、恶霉灵(土菌消、绿亨一号)、噻菌铜(龙克菌)、咪鲜胺(使百克、施保克)、咪鲜胺锰盐、抑霉唑、氨基寡糖素、甲霜灵·锰锌(瑞毒霉)、亚胺唑、春·王铜(加瑞农)、嗯唑烷酮·锰锌、脂肪酸铜、松脂酸酮、腈嘧菌脂。

(二)科学使用农药

1. 提高防治效果

要获得理想的防治效果,第一,必须对“症”下药,根据病虫害的类型选择相应的农药;第二,要适期用药,根据病虫发生规律,抓住关键期进行药剂防治;第三,根据病虫发生特点,选用相应的施药方法;第四,根据病虫危害程度,合理混合用药及交替用药;

第五，充分发挥综合防治作用，有机结合农业措施、物理防治及生物防治等。

2. 保证喷药质量

喷药时必须及时、均匀、细致、周到，特别是叶片背面、果面等易受病、虫为害的部位。核桃树体比较高大，喷药时应特别注意树体内膛及上部，应做到“下翻上扣，四面喷透”。

3. 合理使用助剂

助剂是协同农药充分发挥药效的一类化学物质，其本身没有防治病虫活性，但可促进农药的药效发挥，提高防治效果。如介壳虫类和叶螨类，表面带有一层蜡质，混用某些助剂后，不但可以提高药液的黏附能力，还可增加药剂渗透性，提高防治效果。

4. 采前停止用药

根据安全用药标准，保证国家规定的残留量标准的实施。对于无公害果品，在其采收前 20 天就必须停止用药；对于个别易分解的农药果品，在此期间也应做到谨慎用药。

（三）依据病虫测报科学用药

及时掌握气候、天敌数量和种类、病虫害发生基数及速度等因素，对病虫危害要做多方面预测。通常来说，一旦病虫害发生，基于经济条件及其他方面的考虑，还可以使用其他无公害手段进行控制时，应尽量不采用化学合成农药进行防治。处于为害盛期，尽量有选择地少量科学用药，使用综合防治措施来减少用药。

第八章　采后处理加工技术

第一节　核桃采收与采后处理

一、采收时期

适时采收核桃对保证商品品质具有非常重要的意义，过早或过晚采收，都不利于核桃品质的保证。采收得过早，不但核桃外的青皮不易剥离，致使种仁不饱满，降低出仁率，对坚果的产量造成不利影响，而且在储藏和运输的过程中，容易出现腐烂等现象；采收的过晚，易造成果实脱落，而且一旦青皮开裂停留在树上的时间过长，感染霉菌的机会就会增加，同样也会导致坚果品质的下降。因此，基于核桃坚果产量和品质方面的考虑，果农在采收核桃的过程中应选择坚果充分成熟且产量和品质最佳时作为采收最适时间。

（一）果实成熟的外部特征

核桃果实成熟的外部特征主要表现在其外层青果皮由绿色变为黄色，部分顶部还可能出现裂纹自然开裂的现象。成熟的核桃其果实外的青果皮极易剥离。此时的核桃种仁颜色变浅、种仁饱满、幼胚成熟、子叶变硬、风味浓香。出现这一特征的果实才是采收的最佳时期。核桃在成熟前一个月内果实大小和坚果基本稳定，但出仁率与脂肪含量随采收时间推迟呈递增趋势。不同品种采收期不同，有 1/3 的外皮裂口时即可采收。

品种和气候条件不同，核桃果实的成熟期也存在一定的差异。一般来说，早熟与晚熟品种间的成熟期可相差 10～25d。9月上旬至中旬是北方核桃的成熟期，南方则相对要早一些。不同地区的同一品种核桃的成熟期也存在一定的差异性；同一地区平原区和山区的核桃品种的成熟期也有所不同，通常来说平原区的成熟期要早于山区的，阳坡区的成熟期要早于阴坡的，干旱年份的成熟期要早于多雨年份的。

目前我国核桃掠青早采的现象相当普遍，且日趋严重。据各产区的调查表明，目前核桃的采收期一般提前 10～15d，产量损失 8%左右，提早采收也是近年来我国核桃坚果品质下降的主要原因之一。因此，适时采收是核桃栽培管理中一项重要的技术措施，应该引起足够的重视。青果皮成熟的特征表现在，其外表颜色由深绿色或绿色转变为黄绿色或淡黄色，茸毛减少，果实的顶部有裂缝出现，并逐渐与核壳分离，为青皮的成熟特征。内隔膜由浅黄色转为棕色。

（二）果实成熟期内含物的变化

1.果实干重的变化

当核桃进入果实成熟期，在这期间核桃果实干重仍有明显增加，单果干重变化主要表现在种仁干重的增加，最后种仁质量的 24.08%是成熟期间积累的，青皮及硬壳干重在成熟期间几乎没有变化。

2.种仁中有机营养的变化

在核桃果实成熟期间，脂肪是种仁所有有机营养中最高成分之一，其含量平均可达 71.04%，其变化呈指数型积累；且蛋白质含量平均可达 18.63%，其变化呈下降趋势；水溶性糖含量较低，平均为 2.52%，变化不大；淀粉含量很低，平均为 0.13%，变化不明显。

3. 果实青皮矿质元素的变化

有研究表明，早实核桃“辽宁1号”和晚实核桃“清香”果实成熟过程中，青皮中矿质元素含量是不同的：“清香”青皮中钾的含量平均为3.4%，是氮平均含量的4.04倍，磷平均含量的21.82倍；“辽宁1号”中钾的含量平均为3.3%，是氮平均含量的3.17倍，是磷平均含量的25.56倍；在核桃果实生长发育阶段，青皮中钾含量最高，并呈现先增加后降低的趋势，氮、磷和锌含量较低，变化比较平稳；早实核桃“辽宁1号”和晚实核桃“清香”青皮中钾含量变化趋势不同。

4. 种仁中矿质元素的变化

果实成熟过程中，种仁中钾的含量呈明显下降趋势，磷和锌的变化比较平稳。在同一时期，早实核桃种仁中氮含量比晚实核桃种仁中氮含量要高。在果实生长发育阶段，氮和钾平均含量比磷的平均含量高，而且核桃种仁中氮和钾的波动性比磷和锌大。

（三）适时采收的意义

核桃果实适时采收，是一个非常重要的环节。只有适时采收，才能保证核桃优质高产。据各产区的调查表明，目前核桃的采收期一般提前10～15d，产量损失8%左右。提早采收也是近年来我国核桃坚果品质下降的主要原因之一。

过早采收的原因可能有两种：

①消费者盲目购买。由于有些市民只知道核桃的营养价值高，但不知道核桃成熟时间，只要市场上有销售就去购买。

②利益的驱使。核桃产区的群众，看到未成熟的青皮核桃价格高，改变了以往成熟时收获的习惯。

（四）采收时期的确定

除个别早实品种在处暑以后（8月下旬）采收外，绝大部分品种采收时间应在9月上中旬，即是白露前后（最好是白露后）。采收期推迟 10d，产量可增加 10%，出仁率可增加 18%。

核仁成熟期为采收适期。一般认为青皮由深绿变为浅黄色，30%果顶部开裂，80%的坚果果柄处已经形成离层，且其中部分果实顶部出现裂缝，青果皮容易剥离，此期为适宜采收期，其核桃种仁饱满，幼胚成熟，子叶变硬，风味浓香。

二、采收方法

核桃的采收方法有两种：人工采收法和机械振动采收法。

（一）人工采收

在果实成熟时期，用木杆或竹竿敲击果实所在的枝条或直接触落果实。敲打枝条时要自上而下，从内向外顺枝打落，以免损伤枝芽，影响第二年核桃的总体产量。我国目前主要采用人工采收法。矮化核桃品种园则多人工采摘。

（二）机械振动采收

在采用机械振动采收时，首先要在采收前的 10～20d 之间喷洒 500～2000mg/kg 乙烯利催熟，采收时采用机械振动树干，将果实振落到地面上。目前美国已经普遍采用这种方法。

机械振动采收核桃方便剥离青皮，减少果面污染，但是前期喷洒的乙烯利催熟也会造成落叶，削弱树势。

三、脱青皮及漂洗

核桃采收完毕后，要及时对其进行脱青皮和漂洗处理。

（一）脱青皮

1. 堆沤脱皮法

堆沤脱皮法是传统的，且是当前普遍应用的一种核桃脱青皮方法。将采收后的果实及时运到庇荫处或室内，按 30～50cm 的厚度堆成堆（堆积过厚易腐烂），然后盖上一层麻袋或 10cm 左右的干草或树叶，以保持堆内温湿度，促进后熟。通常来说，适期采收的果实一般堆沤 3～5d，其青皮即可离壳，待青皮离壳后用木板或铁锹稍加搓压即可脱去青皮。

2. 药剂脱皮法

药剂脱皮法常用于那些成熟度稍差及脱青皮较难的品种，将采收的青皮果实用 3000～5000mg/g 乙烯利溶液浸蘸半分钟，再按堆沤法堆果和覆盖，或随堆积随喷洒，按 50cm 左右厚度堆积，在温度为 30℃左右，相对湿度 80%～90%的条件下，经 2～3d 即可脱皮。

药剂脱皮法不仅缩短了脱离青皮的时间，而且避免了堆沤时间过长对坚果造成的污染。

3. 核桃青皮剥离机

核桃青皮剥离机由新疆农科院农机化研制，是核桃初加工常用的机械，其青皮剥净率为 88%，机械损伤率为 1%，生产率为 1216kg/h。

通常，经过核桃青皮剥离机加工后的核桃，其外观洁净无黑斑，且工作效率比手工剥离提高了近 20 倍。

（二）坚果漂洗

脱青皮后的坚果表面常残存有烂皮、泥土及其他污染物，为了满足国内外市场对核桃坚果外观的要求，应及时用清水洗涤，保持果面洁净。

洗涤时将脱皮后的坚果装入筐内，一次装得不宜太多，以容量的 1/2 左右为宜。将筐放在流水或清水池中后，用扫帚搅洗。在水池中冲洗时，应及时更换清水，每次洗涤 5min 左右，一次洗涤时间不宜过长，以免脏水渗入壳内污染核仁。一般视情况洗涤

3～5 次即可。在一般情况下，清水洗涤后应及时将坚果摊开晾晒，尤其是缝合线不够紧密或露仁的品种，只能用清水洗涤，否则易污染种仁。

注意，脱青皮和水洗应连续进行，不宜间隔时间过长（不超过 3h），否则坚果基部维管束收缩，水容易浸入，使种仁变色、腐烂。

四、干燥方法

核桃在储藏过程中必须达到一定的干燥程度，以免水分过多而霉烂，坚果干燥的目的是使核桃壳和核仁的多余水分蒸发掉。干燥后坚果（壳和核仁）含水率应低于 8%，高于 8%时，核仁易生长真菌。生产上以内隔膜易于折断为标准。

目前常用的核桃干燥方法有日晒和烘烤两种。

（一）日晒干燥

先将洗净的坚果摊放在竹箔或高粱秸秆帘上晾半天左右，待大部分水分蒸发后再摊放在芦席或竹箔上晾晒。

通常，坚果摊放的厚度不宜超过两层。晾晒过程中要经常翻动，以达到干燥均匀、色泽一致。一般经 5～7d 即可晾干。干燥后的坚果含水率以 8%以下为宜，此时坚果碰敲声音脆响，横膈膜极易折断，核仁酥脆。过度晾晒，坚果重量损失较大，甚至种仁出油，降低品质。

（二）烘烤干燥

多雨地区在处理核桃干燥问题时，可采用烘干机或火炕对漂洗后的核桃进行烘干处理。烘架上坚果的摊放厚度以 15cm 以下为宜，过厚或过薄，烘烤都不均匀，易烤焦或裂果。烘烤过程中的温度控制至关重要。烘烤刚一开始坚果湿度较大，温度宜控制在 25～30℃为宜，同时应保持通风，让大量水蒸气排出。当烤至四五成干时，降低通风量，加大火力，温度控制在 35～40℃；待到七八成干时，减小火力，温度控制在30℃左右，最后用文火烤干为止。果实从开始烘干到大量水汽排出之前不宜翻动，经烘烤10h左右，壳面无水时才可翻动，越接近干燥，越要勤翻动，最后每隔2h左右翻动1次。

五、坚果分级与包装

（一）坚果分级标准

核桃坚果及核桃仁最后变成商品投入市场，以品质、外观、大小决定着价格。坚果越大价格越高。根据外贸出口的要求，以坚果直径大小为主要指标，通过筛孔为三等。30mm以上为一等，28～30mm为二等，26～28mm为三等。

出口的核桃除以果实的大小作为分级的主要指标外，坚果壳面的光滑度、洁白度、干燥度（指核仁水分不超过4%）、杂质率、霉烂果、虫蛀果、破裂果总计不超过10%。

在我国发布的《核桃坚果质量等级》中，以坚果外观、单果平均重量、取仁难易、种仁颜色、饱满程度、核壳厚度、出仁率及风味等八项指标将坚果品质分为4个等级（表8-1）。

表8-1　核桃坚果不同等级的品质指标

<table>
<tr><th>指标</th><th>优级</th><th>1级</th><th>2级</th><th>3级</th></tr>
<tr><td>外观</td><td colspan="2">坚果整齐端正，果面光或较麻，缝合线平或低</td><td colspan="2">坚果不整齐不端正，果面麻，缝合线高</td></tr>
<tr><td>平均果重（克）</td><td>≥8.8</td><td colspan="2">≥7.5</td><td><7.5</td></tr>
<tr><td>取仁难易</td><td>极易</td><td colspan="2">易</td><td>较难</td></tr>
<tr><td>种仁颜色</td><td>黄白</td><td colspan="2">深黄</td><td>黄褐</td></tr>
<tr><td>饱满程度</td><td colspan="2">饱满</td><td colspan="2">较饱满</td></tr>
<tr><td>风味</td><td colspan="2">香、无异味</td><td colspan="2">稍涩、无异味</td></tr>
</table>

续表

指标	优级	1级	2级	3级
壳厚	≤1.1	1.2～1.8		1.9～2.0
出仁率	≥59.0	50.9～58.9		43.0～49.9

(二)坚果的包装

核桃坚果一般都采用编织袋包装。出口商品坚果根据客商要求,每袋重量为25kg,包口用针缝,并有每袋左上角标注批号。

装核桃的麻袋要结实、干燥、完整、整洁卫生、无毒、无污染、无异味。提倡用纸箱包装。

装袋外应系挂卡片,纸箱上要贴标签。卡片和标签上要写明产品名、产品编号、品种、等级、净重、产地、包装日期、保质期、封装人员姓名或代号。

六、储藏与运输

坚果食品卫生标准(GB 16326—2005)规定,核桃仁的酸价(以脂肪计算)≤4mg(氢氧化钾)/g,过氧化值(以脂肪计算)≤0.08g/100g。在储藏过程中,由于核桃仁中的脂肪含量比较高,较易发生氧化酸败,引起品质下降。因此,根据储藏时间的长短和数量的多少选择适宜的条件进行储藏非常重要。

一般将晾干的核桃装入布袋或麻袋,或装入围囤置于室内,下面用木板或砖石支垫,使袋子离地面40～50cm。储藏室内必须冷凉、干燥、通风、背光,同时要防止鼠害。

(一)低温冷藏

需要长期储存的核桃,应将其放置于低温环境中。储藏时间较长,数量不大的核桃,可封入聚乙烯袋,在冰箱0～5℃条件下储藏。数量较大时,最好用麻袋或冷藏箱包装,放在0～5℃的恒温冷库中储藏，核桃仁的品质可保持2年。

（二）膜帐密封储藏

进入北方地区的冬季，气温明显降低，空气变得干燥，这段时期核桃果实通常不会有明显的变质现象出现。因此，在经秋季充分干燥后对坚果进行入帐处理，待翌年2月气温回升前封帐，密封时应充分保证其低温储存。此外，采用向帐内通入二氧化碳的手段也可以抑制核桃的呼吸，使其损耗降至最低，同时还可以抑制霉菌的活动，防止霉烂。当二氧化碳的浓度达到50％以上时，可以有效防止油脂氧化而产生败坏现象，同时还可以将虫害的发生概率降到最低。

（三）辐照处理

虫害也是影响核桃储藏品质的重要因素。辐射剂量1000Gy（1000J/kg）能够杀死所有滋生昆虫，同时不会引起坚果成分发生显著改变，对感官品质也无负面影响。

此外，在核桃产品的储藏过程中不得与有毒、有害、有异味、易挥发、易腐蚀的物品同处储存；在运输的过程中也不得与上述物品混装运输，同时应避免日晒、雨淋。

第二节　核桃加工技术

一、核桃果实加工

（一）椒盐核桃

原料：核桃果和配料。

配料配方：草豆蔻0.3％、桂皮0.3％、丁香0.2％、甘草0.3％、小茴香0.2％、花椒0.1％、食盐4％、水93％。

工艺流程：

原料→分级→破壳→去涩→腌制→烘烤→包装

选果：新鲜、饱满、无病虫、大小、壳厚薄一致的核桃果，可采用10%盐水漂洗选果。

分级：按果实大小、果壳厚薄进行分级。

破壳：用机械通过碰撞或挤压破壳，少量加工也可人工破壳。

去涩：将核桃果在沸水中煮10min左右，捞出用清水冲洗。也可用淡盐水浸泡2～3d，每天换水1次，捞出风干。

腌制：将配料煮沸1h，把核桃果泡入料水中，每天搅拌2～3次，5d后捞出沥干。也可将核桃果在料水中煮10～20min捞出沥干。

烘烤：将沥干的核桃果放入烘箱中，在75～80℃条件下烘烤，期间翻动2～3次，果仁发脆后冷却即可。

包装：每袋250g或500g。真空包装。

（二）五香核桃

原料：核桃果和配料。

配料配方：大茴香1%、草豆蔻0.3%、桂皮0.5%、丁香0.2%、甘草0.5%、小茴香0.2%、甜蜜素适量、食盐2%、水94%。

工艺流程：

原料→分级→破壳→去涩→腌制→烘烤→包装

选果：新鲜核桃果，可10%盐水漂洗。

分级：分级选取合格的核桃果。

破壳：具体方法参见“椒盐核桃”。

腌制：将配料煮沸1h，把核桃果泡入料水中，每天搅拌2～3次，5d后捞出沥干；也可将核桃果在料水中煮10～20min捞出沥干。腌制时可根据不同人群调制，南方人口味偏甜，可适当多加甜味剂；北方人口味偏咸，可适当多加食盐。

烘烤：将沥干的核桃果放入烘箱中，在75～80℃条件下烘烤，期间翻动2～3次，果仁发脆后冷却即可。

包装:每袋250g或500g。真空包装。

二、核桃仁加工

(一)琥珀核桃仁

工艺流程:

原料→水煮→清水冲洗→脱水→挑选→糖煮→油炸→冷却→脱油→冷却→分拣→包装

选果:新鲜、完整的核桃仁。

水煮:将核桃仁在沸水中煮10～15min,脱涩味。

冲洗:将水煮过的核桃仁用清水冲洗干净。

脱水:用离心机把核桃仁水分脱去。

挑选:挑出核桃仁坏粒、碎仁。

糖煮:按水、糖10∶3的比例,先煮糖水20min,再用140℃糖水将核桃仁煮10～15min,捞出沥干。

油炸:将糖水煮过的核桃仁放入金属笼或筐中,在145～155℃的热油中炸4min,捞出。

冷却:第一次冷却,将油炸的核桃仁轻轻翻动,不能结团。

脱油:用离心机将核桃仁脱去多余的油。

冷却:第二次冷却,用风扇吹,将核桃仁温度降到室温以下。

分拣:将结团的核桃仁、烂仁拣出。

包装:用易拉罐包装,先用75%酒精擦洗易拉罐消毒,用计量器称重装罐封口;用食品包装袋包装,应在真空条件下包装。

(二)椒盐核桃仁

工艺流程:

核桃仁→去涩→水煮→烘干→包装

核桃仁→去涩→油炸→拌椒盐→冷却→包装

核桃仁选择标准、去涩、油炸、烘干、冷却方法同琥珀核桃仁加工，水煮方法同椒盐核桃果加工，包装同琥珀核桃仁，椒盐配方同核桃果加工配方，将配料粉碎成细粉状。

（三）核桃仁其他产品

将核桃仁作为食品添加剂，可加工成多种小食品，如核桃酥、核桃仁蛋糕、核桃仁麻糖等，按照这些食品的加工方法，添加一定量的核桃仁即可。

三、核桃粉加工

（一）核桃仁压榨法

工艺流程：

原料→去杂质、坏粒→预处理（50～70℃，10min，在不锈钢容器中）→压榨（用网袋装原料，压榨 2～3 次）→毛油过滤（用滤布）→沉淀（12h）→脱酸（用碱炼法，70℃，加碱 8h 反应，酸值<0.3mg/g）→水洗（95℃条件下，加水 10%～15%，洗 1～2 次，主要去除残留碱）→脱色（加活性炭，125℃条件下，在真空容器内进行）→过滤→脱臭（真空容器内）→过滤→检验→包装

（二）预榨-浸出法

预榨-浸出法分为 4＃溶剂浸出制油和 6＃溶剂浸出制油，本书主要以 6＃溶剂浸出制油法为例进行说明。

工艺流程：

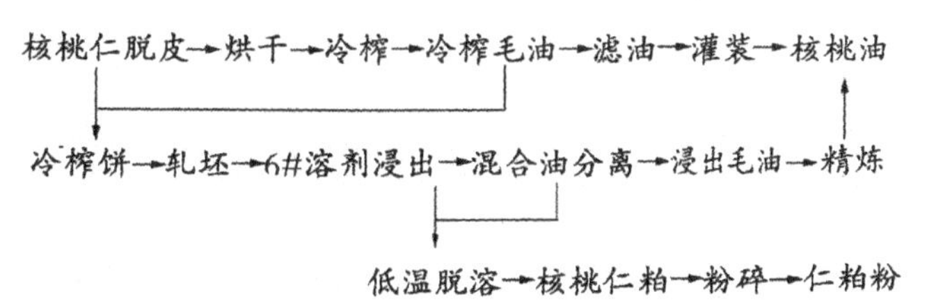

(三)水剂法

工艺流程：

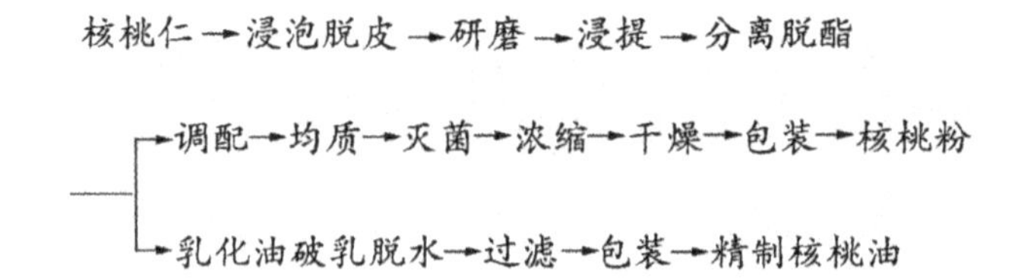

四、核桃油加工

原料：优良核桃仁。

工艺流程：

原料→煮制脱涩→磨浆→细磨→均质→干燥→冷却→摊晾→过筛→包装

选果：去除坏粒、霉变粒，将核桃仁与牛奶按 3∶7 配比。

脱涩：将核桃仁在沸水中煮 10～15min，可煮 1～2 次进行脱涩。磨浆：第一次粗磨，将牛奶加入核桃仁粗研磨，然后再进行第二次细磨，第三次细磨。

均质：用高压泵，加压力 40～50MPa，冷却至 50℃，使浆液均质。

干燥：在容器温度为 220～240℃条件下，将牛奶与核桃仁混合物喷淋成粉状，粉的温度 90～100℃。

冷却：将粉冷却 30min。

摊晾：用不锈钢棍不断搅拌，使核桃粉不结团。

过筛：将充分冷却的核桃粉过筛。

包装：每袋 250g 或 500g。用真空袋包装。

五、核桃工艺品加工

（一）文玩核桃

文玩核桃通常选择河北麻核桃，幼果期注意疏果，并对果实进行整形。充分成熟后采收，去除青皮，清洗干净，配对。要求果实丰满，每对核桃大小形状一致，外观好的价格高。

（二）山核桃工艺品

品种：山核桃。

产品：装饰类和实用类。

工序：分 6 个工序，即设计、制模、选料、切片、挖仁、磨片、粘贴。

设计创作作品：画出作品平面图、侧面图、尺寸、规格等。

制模：做出作品相应的模具，对模具抛光，在模具外贴塑料膜。

选料：选择直径 2.6cm 以上的山核桃果实，要求果实大小基本一致。

切片：用电锯将核桃纵切、横切，一般切块高 1.8～2.4cm、厚 0.8cm，每个核桃可切 3 片料。

挖仁：将核桃仁挖出，可食用，也可作食品原料。

磨片：两面打磨、三面打磨。根据作品的形状打磨成不同厚度、角度和凸凹的片料。先将片料摆放到模具上，不合适的片料进行打磨，摆好后按顺序把片料取下。

粘贴：用普通白乳胶，加颜料调色，与作品色彩一致。用乳胶将片料一片一片粘贴到模具上，12h 后，取下模具进行抛光（内外及边角）。最后用气囊抛光，清理残渣后，用清漆刷 2 遍，第一遍可将作品浸入清漆内，第二遍用刷子上漆。复杂工艺品可分割做，最后组装。

第九章　核桃园间作技术

第一节　间作套种及混作的概念、作用与形式

间作可形成生物群体，群体间可互相依存，还可改善微区气候，有利幼树生长，并可增加收入，提高土地利用率。合理间作既充分利用光能，又可增加土壤有机质，改良土壤理化性状。

一、间作套种与混作的概念

我国是农作物间套混种种植制度面积最大、历史悠久的国家。始于汉，兴于唐，发于清。

间作套种是一种充分用地、巧借空间、多用阳光、获取多熟的高产高效种植制度。在同一块土地上，以不同的作物有次序地隔株、隔行或隔畦，同时栽种 2 种或 2 种以上作物的方式叫间作。套种是在前作物生长的前期或活期。在畦中播种或移栽后作物。混作和套种实际是一种间作的形式，因此间作套种与混作可统称为间作。

二、间作套种与混作的作用

间套复种是充分利用阳光和耕地的增产技术，其作用表现在以下几个方面。

（一）充分利用不同作物间的互补作用

互补，是指几种作物互为补充地利用环境生活因子，包括温、光、水及其彼此的代谢物，以及对病虫害防治等方面的互补。利用不同作物的差异互补，主要表现是：

1. 时间上的互补

利用不同作物生育期的差异进行间作套种，以达到充分利用不同时间内生活因子的可能性。如利用棉花与辣椒生育期的差异进行套作，在品种选择上，辣椒选择耐低温、早熟、丰产类型的品种，并进行早熟保护地培育壮苗栽植，当棉花植株进入生长旺期时，辣椒收获期将要结束而拔秧，不影响棉花生长，有利于棉花、辣椒增产高效。

2. 空间上的互补

经验表明：阴阳搭配，高矮搭配，深浅（根）搭配，长圆（叶）搭配，早晚（熟）搭配，前后（茬）搭配，增加全田植株总密度，充分利用空间和时间，增加截光量，减少漏光与反射光，改善作物群体、上部与下部的受光状况。有的作物特别喜光，有的作物则喜阴或耐阴。通过不同需光特性作物的搭配，可以实现需光的异质互补；通过长短不同生育期作物的搭配，可以提高光热资源利用率。理想的农作物复合群体表现为：上部叶片斜举，株型紧凑，喜强光；下部叶片稠密，叶向平展，适于较强光照。

3. 土壤养分的互补

不同作物对土壤养分的需求、吸收能力和种类不尽相同。一般禾本科作物需氮多，豆科作物需氮少而需磷、钾多，因为豆科作物可借共生固氮菌固定空气中游离氮转化为有机氮，需从土壤中补施的氮肥相对就少；白菜、芥菜、菜薹、甘蓝等十字花科蔬菜作物利用土壤较难溶磷的能力强，而小麦、甜菜等的能力弱；谷类、葱蒜类等浅根性作物主要吸收浅层土壤中的养分，而棉花、大豆（毛豆）及瓜类蔬菜等深根性作物则可利用土壤深层中的养分等。此外，某些作物的根际代谢产物对其本身可能无益甚至有害，而对其他作物和微生物有益，如洋葱、大蒜等的根系分泌物，可抑制马铃薯晚疫病的发生。

必须强调指出的是，作物间的竞争是绝对的，互补则是相对的，通过合理的栽培技术可减少竞争、增加互补，达到互补大于竞争而获得较高效益的目的。

（二）充分利用太阳光能，提高光能利用率

农业生产的实质是绿色植物通过光合作用，将太阳辐射能转化为化学能的过程。据研究表明，太阳辐射能的利用理论值可达5%，最高达6%，而现在利用率平均小于1%，世界上最高产地块的利用率近5%；我国目前农田平均光能利用率为0.3%～0.4%，多数农田作物生育期利用率仅0.1%～1%。像华北平原一年种一季高产小麦，如果每667m^2产量为500kg，光能利用率为1.2%，而采用小麦套作玉米栽培，每667m^2产量达到1000kg，光能利用率可达1.4%～1.5%；在长江流域稻麦两熟区，如果每667m^2产量达到1250～1500kg，光能利用率为1.7%～2.0%，而采用一年三熟制栽培模式，每667m^2产量为1500～1750kg，光能利用率可达2.2%～2.5%。

作物光能利用率低的原因有两方面。就目前大面积农作物而言，一是周年光合叶面积时间短，主要表现在农田复种指数低，或农耗时间长，在作物适宜生长季节田块无作物覆盖，光能白白地被浪费，如南方地区，由于种植原因有相当面积的冬闲田或抛荒田白白浪费了光能；二是作物群体光合叶面积小，主要是水肥条件差或田间管理不善，作物群体小，光合叶面积不足，截留光能少，使其大量漏于地面而无效。因此，要提高光能利用率，必须增加单位土地上的绿叶面积或延长绿叶的光照时间。间作套种，可以增加单位土地上的绿叶面积和延长其光照时间，可将一熟或两

熟变为两熟或三熟，甚至多熟，尤其是北方，可以充分发挥日照时间长、光能资源丰富的优势。

（三）根系互利

豆科作物的根瘤具有从空气中固氮的能力，它的破裂根瘤、残枝落叶、分泌物遗留于土壤中，可以培肥地力，有益于间作套种作物的生长。增加了秸秆还田的可能性，有利于土壤保持高水平的营养平衡。因产量的增加必然带来作物秸秆量的增加，同时也增加了秸秆还田的可能性，如稻谷类作物将籽粒除外的干物质还田，回田的干物质与碳可达60％，钾可达83％，钙可达92％，氮可达40％，磷可达20％。

（四）育苗争时

农作物育苗移栽是以比大田定植时高出几倍或几十倍的种植密度，将种子预先播种于苗床或秧田，待幼苗长成后移栽大田，提高光能利用率；增加复种指数，争取农时季节，还有利于精细管理、培育壮苗。

三、间作套种与混作的形式

（一）简单形式

组织结构简单，分别使用间作套种与混作。

1. 隔行、隔株间作或混作

是将生长期长与生长期短的作物进行配置。生长期长的作物一般株型较大，要求较大的营养面积，但它生长的前期生长速度慢，行、株间有较大的空隙，因此可在它们的空隙处配置速生性的作物，利用它们暂时不利用的空间。当它们株型增大、将要占用全部空间时，速生菜已进行采收。这样互不影响，又可多收一茬小菜。如甘蓝行株间栽小油菜，在爬地瓜类爬蔓畦间种小菜，陕南地区的菜农在大白菜行间间种早秋萝卜。此外混作也属这类。如在大蒜地混种菠菜，蒜叶直立生长，菠菜贴地生长，都能获得充足的阳光，同时地面有菠菜的覆盖，还可减少杂草的滋生。小白菜与芹菜混播，芹菜发芽慢，幼苗不耐强烈阳光的照射；小白菜发芽快，可迅速覆盖地面，促进芹菜发芽和保护幼苗，不致被烈日晒死。

2. 隔畦间作

有些高秆作物，如番茄种密以后，由于通风透光不良，影响开花着果，因此可与低秆作物进行隔畦间作。如番茄与甘蓝隔畦间作，不仅增强了高秆作物的通风透光、提高着果率，而且由于高秆作物的遮阴使地面温度降低，有利于耐寒性甘蓝的生长。

3. 畦梁套菜

北方地区，由于气候干旱，需进行灌溉，好多作物都采用平畦栽培。除夏菜作物的畦梁用作管理外，其余季节畦梁多作间隔用。而这种畦梁占地很多，一般要达到 1/4 以上。由于畦梁凸起，不仅表面积大，而且土质疏松、肥沃，种菜后生长甚好。如果将畦梁上种的各种蔬菜的产量平均，每 $667m^2$ 每茬可产 400～700kg。利用畦梁套菜的方式很多。

4. 一架多用套种

番茄生长中期，在畦边套栽冬瓜，番茄采收后期冬瓜上架。早黄瓜生长中后期套种豇豆，黄瓜败秧后豇豆上架。大棚周边套种豇豆、丝瓜、苦瓜，揭膜后往棚架上爬蔓，还可为棚内其他果菜遮阳降温。早玉米生长后期，套种豇豆或黄瓜，玉米采收后去除叶片保留茎秆，供瓜、豆爬蔓。

（二）复式套种

是将间、混、套同时或交替连续使用。常见的有粮菜同套作、果(桑)菜同套作、林菜间套作、药菜同套作、花(花卉)菜同套作。

以上各种间套作形式,从群体结构来看,则有高秆、矮秆、蔓性支架与蔓性地爬类、直立、矮生、塌地等不同生态特征,根据其不同种植方式,可配置成各种复合群体类型组合。湖北省恩施、宜昌地区有的农户常把矮秆的毛豆、蔓性的豇豆和高秆的玉米三种作物进行间套作,地上部形成“三层楼”的良好通风透光条件,地下部玉米耗氮多,豆类根瘤能固氮,形成一个互利协作、增产增收的合理复合群体结构。

四、果树立体种养的作用

果树立体种养模式是指以果树作为主体作物,在核桃园或核桃园周边利用空地合理进行间作其他作物或养殖畜禽,提高土地利用率的一种生产模式。

果树立体种养的主要作用有以下几点。

①提高土地利用率,增加核桃园收入。果树是多年生作物,进入结果期相对较长,在种植后 3 年内基本上没有收益,同时较其他一年生作物,果树株行距较大,尤其是幼龄核桃园,树冠覆盖率低,空地多,通过进行核桃园间作或间养可以达到以短养长的目的。

②保持水土、防风固沙。核桃园生草或间作其他作物可有效减少地表径流和水土流失。

③提高土壤肥力。核桃园生草或间作抑或套养畜禽,可提高核桃园有机质含量和土壤有效养分含量。

④改善核桃园生态环境。一是改善土壤理化性状,加速土壤熟化;二是调节土温,如果地面有草层覆盖,减少了地面与表土层的温度变幅;三是提高土壤含水量,利于根系利用土壤中的水分和养分。

⑤优化核桃园生态体系。核桃园间作特别是生草为天敌种群繁衍创造了适宜的栖息、隐蔽环境,可以充分发挥优势种天敌

控制害虫的能力，减少用药次数，有利于生物防治。

⑥免除中耕除草，便于行间作业。

⑦有利于提高果树产量，改善果实品质。

五、果树间作间养应遵守的原则

在核桃园或周边进行立体种养必须以果树作为主体作物，一切农事活动都应以果树为中心，不论是间作物还是间养的畜禽都不得对果树有不利影响或伤害果树。具体原则如下：

①不得间作高秆作物和攀缘作物。高秆作物遮阴，影响果树的光照，攀缘作物其藤蔓缠绕果树，严重抑制果树生长，使树势衰，结果少，甚至死树。

②间作物不得与果树有明显的争夺肥水的矛盾。间作物不得离果树主干种植过近而与果树争夺肥水，同时尽量不要种植深根性作物，间作物的最适宜种类是豆科作物，豆科作物根系有根瘤菌，具有固氮作用，其所固定的氮素除自需外，尚能供果树根系吸收利用。

③不得与果树有共生性的病虫害。如在桃园或板栗园间作玉米极易引起桃蛀螟的爆发。

④间作物与果树生长期、成熟期和收获期的宜异应不同，以免造成劳力紧张。

⑤间养的畜禽类不得伤害果树。在核桃园发展养殖业，最好选择禽类如鸡鸭鹅，畜类最好选择养羊。

第二节　间作套种应注意的几个关键问题

一、作物种类的组合

搞好间作套种作物的组合搭配，应选择生物学互助作用最大、抑制作用最小的作物种，组成间作套种。首先，采用具有生物化学互相促进，彼此保护上部器官和根系分泌物（包括生物刺激物质、抗生素物质），能促进间套作物生长发育的作物种组成间套组合。其次，还应采用生长期长的和生长期短的，植株高的和植株矮的，根系浅的和根系深的，株态开张型的和直立型的，喜光的和耐阴的，喜湿的和耐旱的，喜氮的与需磷、钾多的，以及共生期生育高峰可以错开的等植物学性状具有差异互补（助）的作物种组成间作套种。

二、间作套种品种的选择与搭配

作物种间套种组合确定之后，品种的选择和搭配也是影响套种效应的重要因素。一方面，不同品种具有不同的植物学特征和生物学特性，对组成的间作套种会产生不同的影响；另一方面，不同的套种组合和不同的套种结构，对品种的要求和品种遗传潜能发挥也不相同。为了保证复合群体良好发展和套种品种遗传潜能的发挥，以及边际效应的充分利用，间套品种的选择与搭配应注意从以下三个方面考虑。

（一）选择边际效应值和产量保证率高、遗传增产潜力大的品种

尽管各种作物的不同品种都具有边际优势的生物学现象，但是不同品种间边际效应值是不一样的。边际效应值越高的品种，套种与单种相比，单位面积产量的保证率越高。如若品种套种组合搭配得当，彼此互相帮助，互相促进，品种就能最大限度地发挥遗传增产潜力，使产量的保证率接近或达到100%。同时，随着间作套种中边际效应的发挥，遗传增产潜力的挖掘，要求间套品种应是具有很大遗传潜力的高产抗病品种，使之利用间套栽培，在有限的时空内获得最大的生产效益。

（二）选择能够组成良好复合群体结构的品种

在间作套种中，边际效应的发挥与利用，主要取决于间套作

物品种所构成的群体结构。不同的群体结构,具有不同的通风透光条件、温湿度环境、光合效率,直接影响着群体和个体的生长发育及其生产能力。为了构成理想的群体结构,应选择具有不同性状的品种进行组合搭配。

1. 选择具有不同熟性的品种

不同的品种,在间套过程中所处的地位不同,作用不一,对熟性的要求也不一样。例如,小麦辣椒套种,辣椒玉米套种,就应当选择熟性较早的小麦、玉米品种,缩短对辣椒的遮盖时间,促进植株生长,加速果实成熟。辣椒与豆类作物套种,则需要选择晚熟的菜豆或豇豆,以利于产生更多更长时间的生物学促进作用和保护效应。

2. 选择植物高度不同的品种

间套种除生物化学互助外,还存在生物机械保护作用。为了防止风害,发挥高温期遮阴降温的功能和低温时期的防寒保暖作用,都需植株较高的作物,对与其具有相反性状的作物起保护作用。例如,玉米、架豇豆、架菜豆、小麦等在同辣椒共生时期,利用其植株的高度,对辣椒发挥生物的和机械的保护作用。

3. 选择需光反应不同的品种

间作套种虽然能够更好地利用光能,高光合效率,但是品种间仍然存在着对光照强度适应的差异。套种作物间有高有低,植株高的作物应当选择喜光的品种,相对较矮的作物应当选择耐阴的品种,这样才可利用群体层次差异各得其所。

4. 选择株型和叶形不同的品种

为了减少套种作物间的遮阴效应,增强通风透光作用,套种的作物,尤其是植株较高的作物,应当选择株型紧凑、叶片挺立、叶肉较厚、叶形较尖的品种,或者选择披针形或线形叶品种组合搭配，彼此协调，才有利于对光能和二氧化碳的充分利用。

（三）选择生育高峰可以错开的品种

间套品种在共生时期，如果生育高峰可以错开，田间群体形成错落有序的结构，就可创造良好的通风透光条件和产生较大的边际效应，确保套种的每种作物、每个品种都能生长发育良好，获得更高的群体生产效益。如果套种作物都在生育高峰时期共处，相互之间对光照、热量、水分、营养和所占营养面积等均会产生强烈的竞争，使之相互抑制，彼此损伤。

三、要有合理的套种配比结构

间套作物行数的配比，不仅决定着套种作物的主次，还直接构成不同类型的复合群体结构。通常套种的主作物应当具有较多的行数或占有较宽的间套带幅。次要作物与其相反，则占有较少的行（株）数，或较窄的带幅。这样，由于配比多少的不同，就构成主从群体结构。如果高矮两种作物实行带状套种，则可构成高低错落的二层结构，架菜豆与辣椒的套种就是这种结构。而小麦、辣椒、玉米三作物共生套种，则由不同大小生育阶段的植株，按（4～6）∶2∶1的行数配比，构成梯阶式套种结构。

不同套种的配比结构，直接影响着套种栽培的效果。良好的套种配比结构，不仅可以充分利用时空和光、热、风、水资源，还能借助物种间共生互助作用获得高产。小麦、辣椒、玉米三种作物，由不同大小生育阶段的植株构成梯阶式套种结构。在套种前期，小麦是主作物。成株期的小麦一是可以为刚移栽的辣椒幼苗防风寒、打阳伞；二是可借助于辣椒小苗未利用的空间和土壤营养趁机发展，使小麦套种的单产接近单一种植的水平；三是干扰蚜虫向辣椒植株上飞迁，免除辣椒遭受到病虫害的危害，使辣椒单产比单一种植增产50%。在套种的中后期，辣椒和玉米以4∶1的行比构成双层结构，其中辣椒是主作物，需要利用玉米对辣椒执行生物的和机械的保护作用，保护辣椒获得更高的效益。假若间套作物主次倒置，增加套种玉米的比例，每 667m^2 栽种玉米数由 560 株增加到 704 株，使套种的配比和结构都发生变化，虽然使玉米产量增加了 16%，但辣椒的产量却减少了 33.27%，这是得不偿失的。因此，套种时确立合理的套种配比，设计合理的田间群体结构，是十分重要的。

四、要科学选定套种的共生适期

所谓套种的共生适期，就是何时套种才能充分发挥套种的优越性。不同的套种时期，由于生育阶段的不同，作物间保护作用的变化以及田间管理的偏离，套种作物间的关系，都可能发生复杂的变化，影响间套效应。根据资料报道和实践的体会，选定套种适期应考虑以下两点。

（一）错开作物之间的生育高峰

错开生育高峰可以使套种作物之间的剧烈生存竞争变成和睦相助。例如洋葱或大蒜与辣椒套种，正当前者生育高峰时期，辣椒以小苗与其共生，不仅没有明显的对空间和土壤的竞争，而且产生良好的互助作用，前者为后者进行环境消毒、防寒挡风，后者为前者让出一定的空间和土壤营养促进其良好发育，从而产生较好的互助作用。

（二）在最大的保护时期套种

目前，对辣椒能起保护作用的主要作物有麦类、玉米、架菜豆和高粱等。然而，这些作物保护作用的发挥必须在最大保护作用的时期套种。春玉米套种就比夏玉米套种具有更强大的保护作用，不仅可减少蛀果害虫为害，又能防治病毒病的流行。辣椒与小麦套种，25～30d 的共生期则可使病毒病发生率减少 80% 以上，而 7～10d 的共生期不产生明显的防病作用。如果共生期超过 35d,辣椒就会徒长。因此,在最适保护期套种会使辣椒获得更高的生产效益。

五、要注意用地和养地相结合

间作套种由于多种多收,一地多用,地力消耗加快,容易使土壤变得贫瘠,再加上套种作物的接茬很紧,很少进行深耕和增施农家基肥,使土壤对施用化肥反应钝化、结构变劣,土壤环境日益恶化。如果只种地不养地,实行掠夺性套种,后果更坏。因此,在套种过程中,既要用地,更要重视养地,实行种养结合,使土壤越种越肥,结构越变越好。那么,怎样培养好土地肥力呢?

(一)用豆科作物套种

这是众所周知的措施。豆科作物如菜豆、豇豆、花生等与辣椒套种,不仅可丰富土壤的氮素营养,而且菜豆根系分泌物还可提高土壤活力、刺激茄科蔬菜(包括辣椒)更好生长。

(二)用净化土壤的作物套种

引进具有净化土壤的作物参与套种,对清除污染、消灭病原起着重要作用。例如,大蒜、洋葱、大葱和辣根的根系含有大量杀菌素,与辣椒套种,既可杀死和抑制土壤中的真菌性病原,还可利用杀菌素中的挥发性物质,对辣椒叶部真菌性病害和某些害虫有杀伤、抑制和驱避作用。如引进十字花科植物,其所含的挥发性芥子油能强烈抑制杂草的滋生。所以这些具有净化土壤的作物,都能提高土壤的生产活力,起到养地作用。

(三)加强深耕,大量施用有机肥

实践早已证明,进行土壤深耕,并施入大量有机肥,是深化耕层、熟化土壤、改良土壤结构、提高土壤肥力、增强土壤活性和促进农业发展的基本措施。所以,间套地块应 2～3 年深耕一次,并结合深耕大量施用有机肥料或秸秆还田。

六、确定正确的行向

据资料介绍，高、矮秆作物间套，一般来说，东西向比南北向好。因为东西向接受太阳光时间较长，透光率高，照射量大，光能利用率高。特别是南方地区，效果更加明显。例如，华北地区夏天，东西行作物太阳直射时间全天为 9.5h，太阳辐射量每天每平方厘米 518.4cal；而南北行，太阳直射全天只有 6h，太阳辐射量每天每平方厘米只有 491.4cal。因此，东西向套种的作物比南北向套种的作物生长发育良好，产量提高 10%～25%。另据庄灿然、谭根堂(1990)在陕西关中地区麦辣套种行内 6 月 2 日至 3 日测定：南北行比东西行的光照强度和地表温度以及蒸发量均高，南北行光照强度为 31700lx，地表温度为 29.5℃，每 667m^2 地面蒸发量为 0.76t/d，而东西行分别为 25000lx、27.1℃和 0.58t/d。这表明，在夏季雨热同步温度高的季节套种，东西行的小气候环境更有利于作物生育和节约资源的投入。而冬、春、秋三季，由于太阳高度下降，东西行会产生较多较明显的遮光现象，而南北行则会透进更多的阳光，因此，在冬、春、秋三季套种时，则南北行向更有利于套种作物生长发育。

七、因地制宜，合理密植

这里说的因地制宜包括因地方不同和地力差异两方面。不同地理位置的自然条件、气候状况和无霜期长短差异很大，对作物个体的生育和群体结构影响也很不相同。因此，种植密度也不一样。比如，新疆维吾尔自治区的辣椒每 667m^2 统计为 20000～26000 株。这是因为辣椒在新疆维吾尔自治区石河子地区生育期较短，单株结果多红熟不了，这样每株只结 5～8 个果，主要靠增加密度来增产。而陕西则相反，辣椒生育期长，每株可结果 50 个左右，甚至高达 100 多个，在这里个体发育良好会对总产的提高产生明显的作用。如每 667m^2 超过 15000 株，就会减产。但该地区的生育期也有一定的限度，也需要一定的密度保证。即使在同一地区，由于土壤肥力和当年天气趋势不同，也要求种植密度与之相适应。通常，地肥和涝年应当稀植，如 8212 品种一般每 667m^2 栽植 8000～10000 株；瘦地和旱年应适当密植，每 667m^2 栽植 13000～14000 株。

另外，套种作物的密度还应根据它在套种中的位置和边际效应大小而定。在麦辣套种组合结构中，小麦进入生育高峰时期时，辣椒尚未套栽，具有充分的时空和高度的边际效应，确保小麦个体和群体的良好发育，在这种情况下，套种的小麦应适当增加密度，小麦的播种量，按实占播种面积计算，比单一种植应增加播种量 30％左右，使其充分利用边际效应发展个体，增加产量。虽然小麦暂时占据 60％的套种面积，但小麦收获之后，辣椒才开始进入生育高峰，逐渐占有 100％的套种面积，辣椒在套种过程中也未降低密度，同时还比单一种植增产 30％以上。

八、采取促进生育措施，充分利用时空增产增收

辣椒原为一年一收作物，间套之后，在同一辣椒田内，除收辣椒外，还可增加一季或两季甚至三季、四季收成。由于一块地中一年多种多收，往往有季节不够用或十分紧张的矛盾。套种茬次越多，矛盾越突出。为了解决这个矛盾，各地应用科研成果和工业的进步，采取了各种各样的办法，充分利用时空，促进生长发育，缩短田间共生时间，或共生促进的技术措施，保证多种多收，增产增收。

种常采用育苗移栽措施。在前作尚未收获前，先另选床地育苗，前作收后，可将 30～150d 育龄的幼苗套于田间。有时为了减少移栽时根系的损伤，还常利用纸钵、营养土块、方格切块和营养钵育苗，带土移栽。

九、精细操作，科学管理

辣椒与其他作物实行套种后，各参加作物由原来的单一群体变成了两种或两种以上作物共生的复合群体。由于不同作物所需求的栽培管理技术不同，以及共生过程中可能出现作物种间竞争与相互抑制现象，尤其是矮生型处于下层生长的作物，常因光、温、气、肥等生长条件较差，一般生育较弱。为了解决这些问题，必须对间套作物分别对待，分别照料，精细管理。实施间套作物分带做畦种植，分带管理，确保各种作物生育过程中的各自需求。

整枝修剪也是间作套种栽培中的一项重要管理技术。为了改善群体通风透光状况，调节个体生长发育及营养合理分配，在一定的作物生育阶段需要对其植株进行整枝修剪。

十、掌握病虫消长规律及时防治

间作套种形成了与单作不同的复合群体环境，有些病虫害受到抑制，但另一些病虫害反而会更加流行，甚至增加了新的病虫危害。例如，小麦、辣椒、玉米三作物采用梯阶式套种后，虽然危害辣椒的病毒病、烟青虫受到抑制，而为害玉米原不为害辣椒的黏虫，反而变得更为猖獗。因此，在采取间套种时，加强病虫消长规律的研究和观察，及时做好病虫害防治工作，是间套栽培高产、稳产的关键环节。

一是及时改进套种作物的组合，充分选择和利用具有生物学互助防治病虫而且经济效益高的作物参与组合套种。

二是改进和提高栽培技术水平，使有利于作物生长又可抑制病虫流行的新方法、新技术应用于间套栽培，以提高农业栽培的防治水平。尤其是通过肥水管理、栽培形式、整枝修剪、共生期调整等先进的技术进行防治。

三是积极利用生物防虫治病技术，逐渐发展以虫治虫、以菌治虫、以毒治毒、以菌治病、以病治病和选用抗病虫害的作物品种等新的生物技术，加速无公害防治技术应用。

四是对采用上述三种措施仍然难于防治的病虫，应当做好病虫预测预报工作，及时选用高效低毒低残留农药进行防治。

第三节 核桃果园牧草间作

一、核桃+农作物

在坡耕地或采用全垦、带状整地造林的薄壳山核桃林地，可视核桃幼树大小和生长情况适度间作套种小麦、玉米、油菜、花生、芝麻、棉花等粮油作物（图 9-1，图 9-2）以及山辣椒、山毛豆、山番茄、山茄子、黄花菜等山地特色蔬菜，既可为核桃幼树提供侧方遮阴，又可通过对作物的中耕、除草、施肥代替幼林抚育；作物收获后，将秸秆铺于林地或埋入土中又可以增加林地土壤肥力。对于水土流失较为严重的地区或者坡度较大的丘陵山地不宜套种。

图 9-1 薄壳山核桃+玉米

图 9-2 薄壳山核桃+芝麻

黄学芹在《核(桃)农间作系统栽植管理技术模式的研究》一文中探讨了阿克苏主栽的雌先型的温 185、新丰、雄先型的扎 343、新早丰、新新 2 五个核桃品种,在阿克苏库木巴什乡用小麦与棉花进行间作(核桃树的株行距为 6m×8m 和 5m×6m,林带以南北走向),如何能提高核桃的产量。

研究结果(图 9-3 至图 9-17)表明:核桃、小麦、棉花的水分既存在重叠期,又存在冲突期,那么在需求期就可以对它们同时进行浇灌,节约水资源,小麦收割以后或者是冲突期,需要单独对核桃进行浇灌。

核桃叶片和新梢的生长发育高峰期具有一致性,随后果实进入速生期,当地上部分趋于停滞时,新根大量出现。地上部分和地下部分的生长高峰相互交错发生,但生长是同时进行的,在一定时期,彼此存在争夺养分、光合产物的现象。

核桃树的高度影响了间作系统中的光照强度、风速、温度及湿度。距离核桃树越远,光照强度、风速、温度及湿度对间作系统中作物的生长影响越小,土壤中水分与养分的含量越大。核—麦间作系统内,距离核桃树两侧 2.25m、3.25m 为 6m×8m 的土壤水分和养分的竞争区,距离核桃树两侧 2.1m、2.1m 为 5m×6m

的土壤水分和养分的竞争区；与核—麦间作不同的是，核—棉间作系统，不论株行距是 6m×8m，还是 5m×6m，竞争区域都在距核桃树两侧 2.5m 范围内。

不论是核—麦间作，还是核—棉间作，作物的产量与株行距及距桃树的距离有关。株行距越小，与桃树的距离越近，产量越低。所以，株行距应选 6m×8m，如果间作时间要延长，那么要在合理的范围内适当增加株行距。

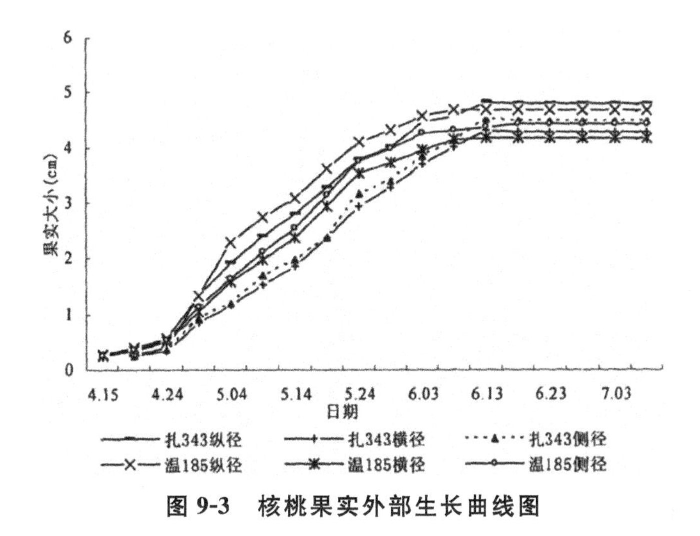

图 9-3　核桃果实外部生长曲线图

图 9-4　核(桃)农间作核桃新梢和果实增长趋势图

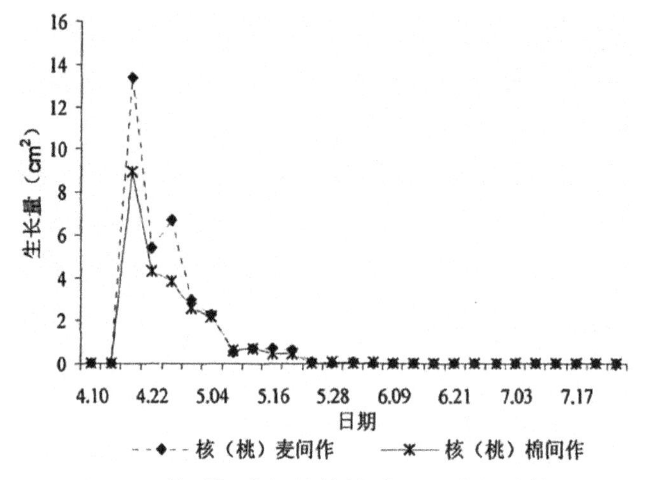

图 9-5　核(桃)农间作核桃叶面积增长趋势图

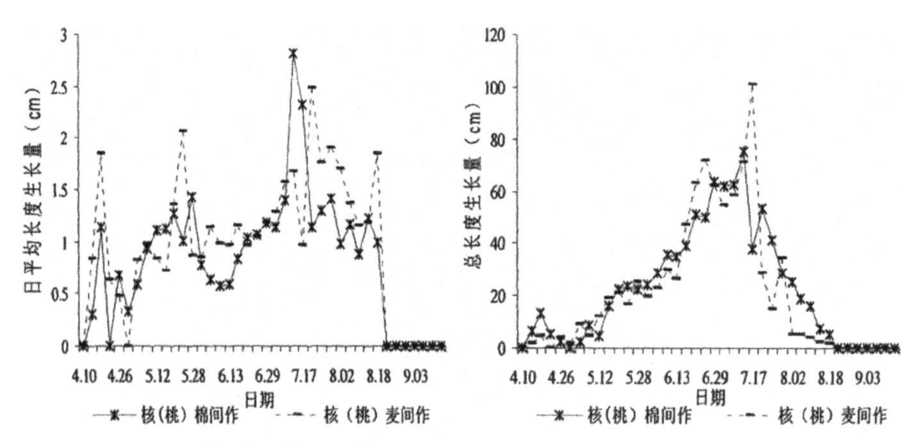

图 9-6　核(桃)农间作核桃根系日平均长度、总长度生长趋势图

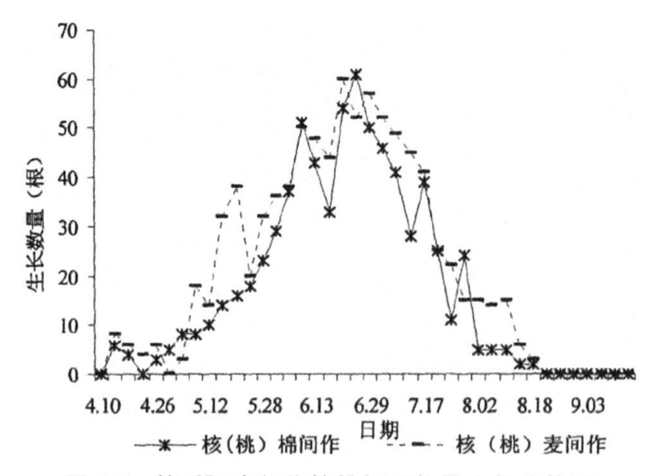

图 9-7　核(桃)农间作核桃根系数量生长趋势图

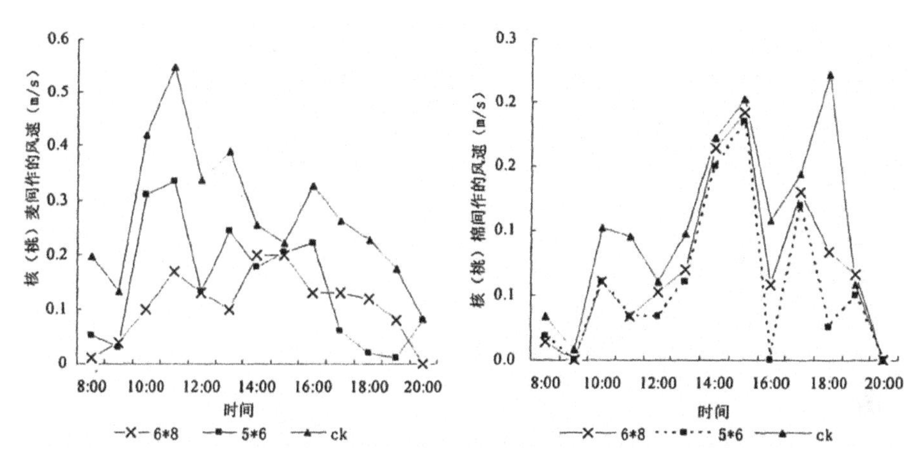

图 9-8 核(桃)农间作不同株行距一天内风速的变化

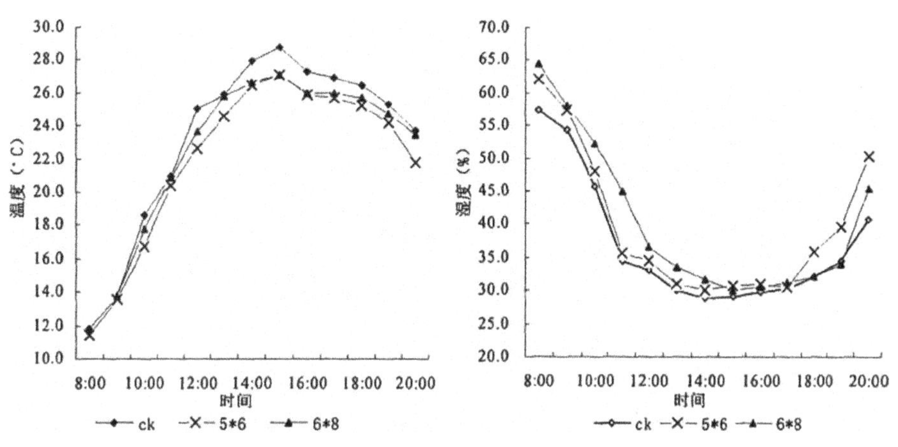

图 9-9 核(桃)麦间作不同株行距一天内气温、湿度的变化

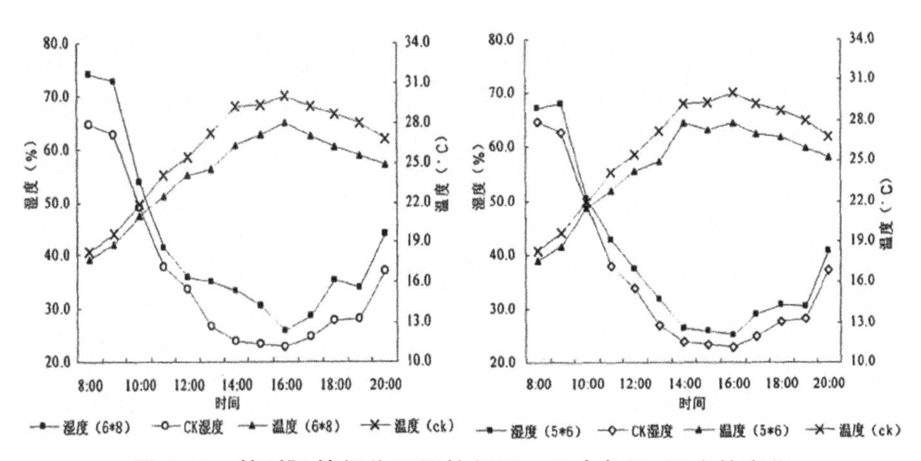

图 9-10 核(桃)棉间作不同株行距一天内气温、湿度的变化

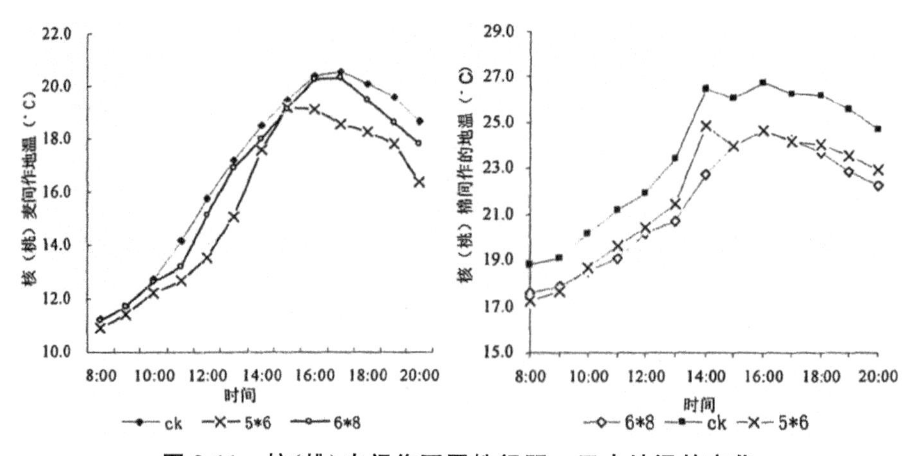

图 9-11　核(桃)农间作不同株行距一天内地温的变化

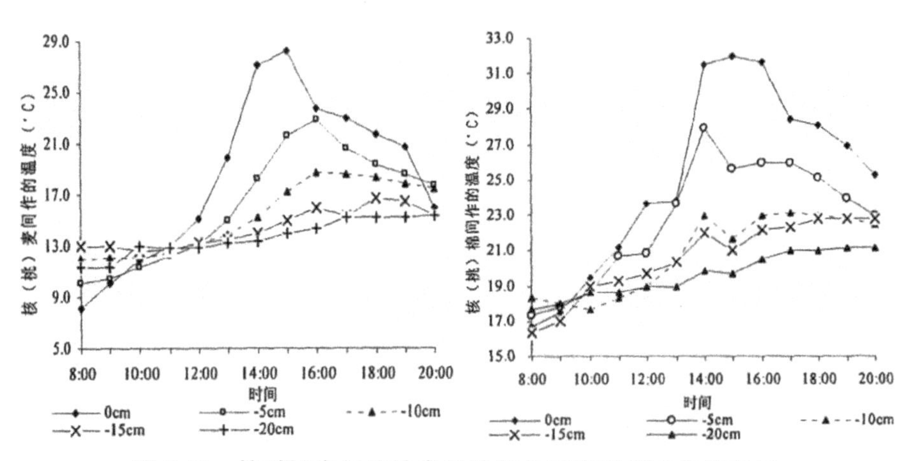

图 9-12　核(桃)农间作地表及地下各距离温度变化趋势图

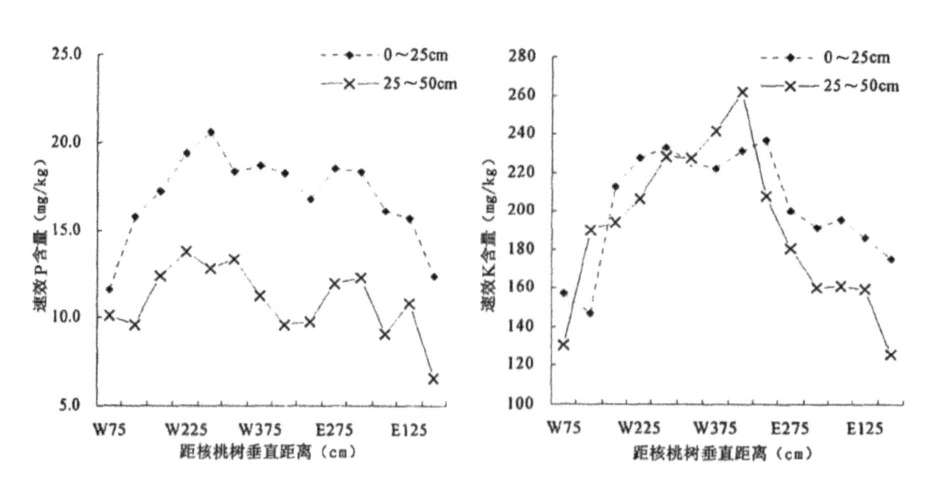

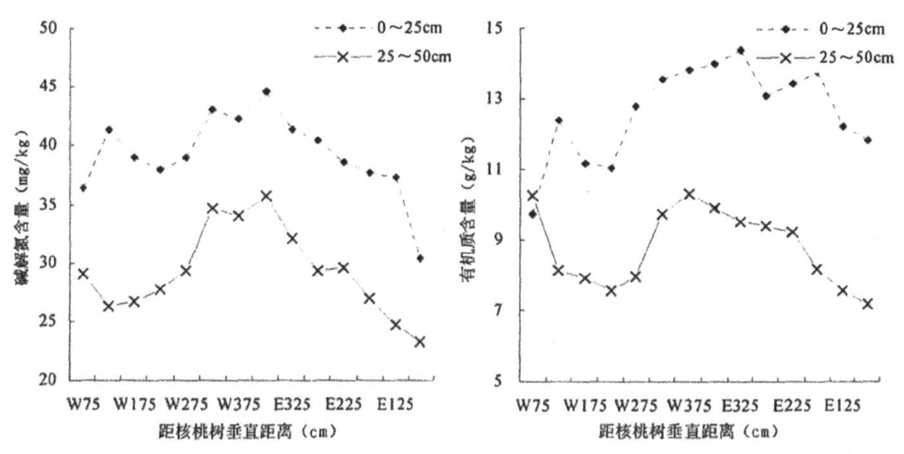

图 9-13　核（桃）麦间作 6m×8m 内距核桃树不同距离土壤速效 P、速效 K、碱解氮、有机质变化

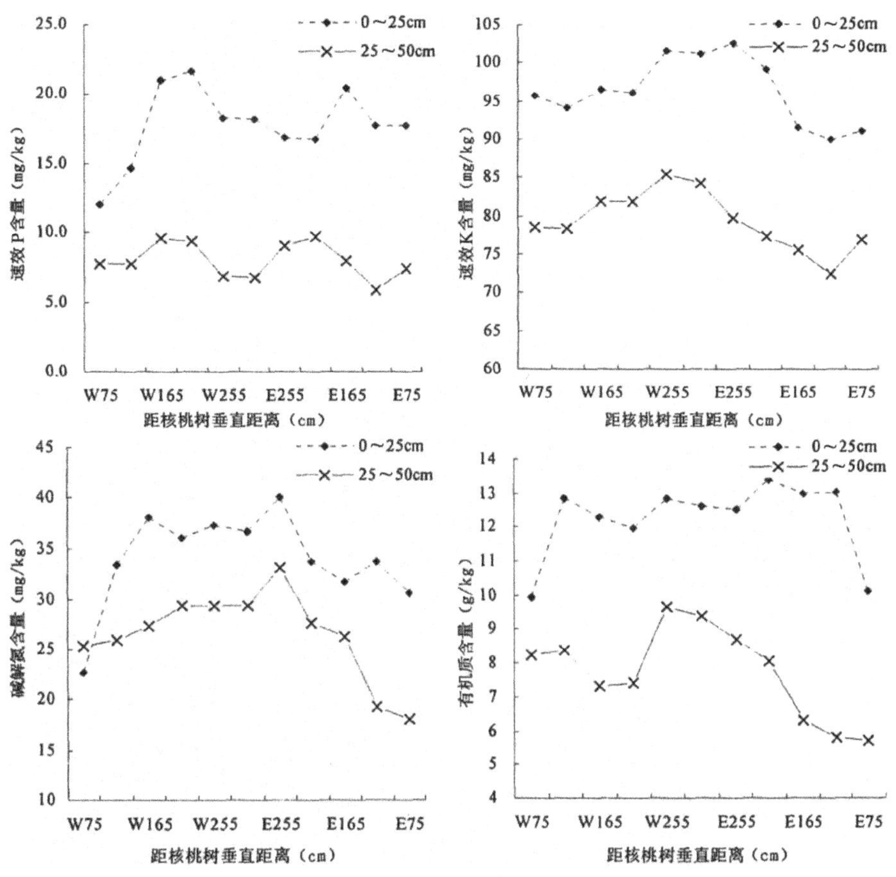

图 9-14　核（桃）麦间作 5m×6m 内距核桃树不同距离土壤速效 P、速效 K、碱解氮、有机质变化图

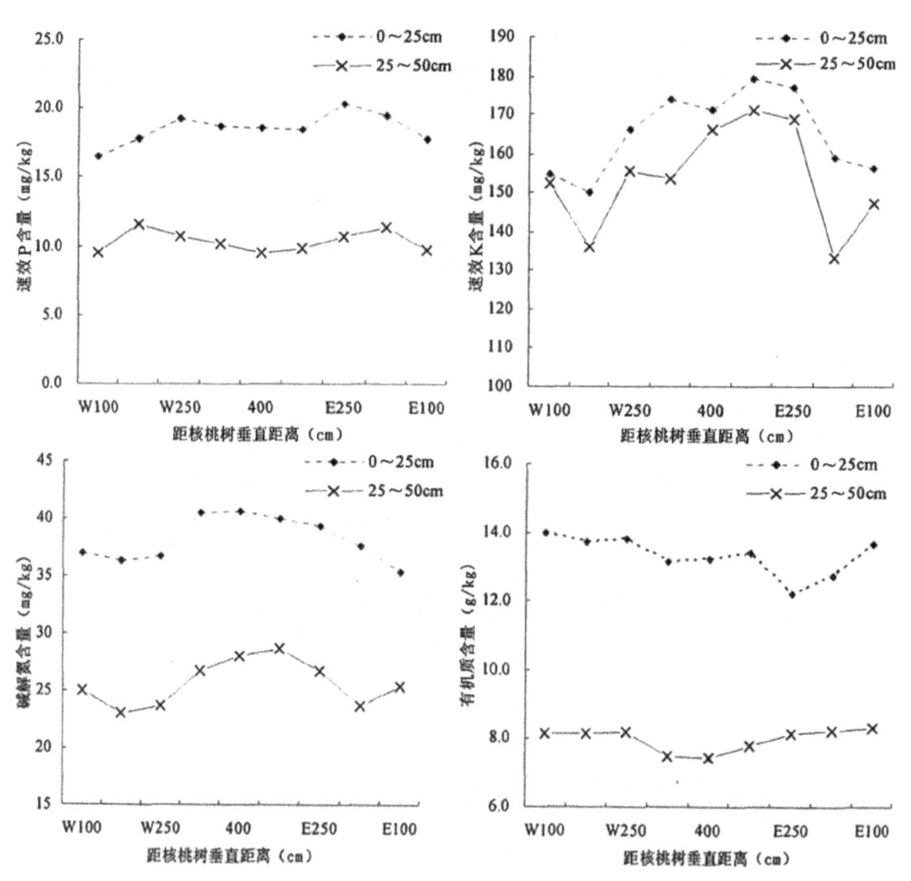

图 9-15 核(桃)棉间作 6m×8m 行中不同位置土壤速效 P、速效 K、碱解氮、有机质变化图

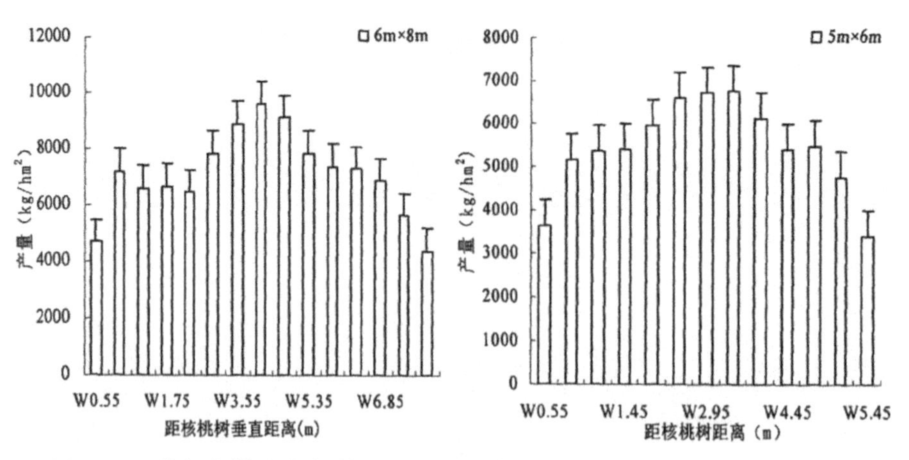

图 9-16 种间作模式中与核桃树不同距离小麦产量的变化情况(东→西)

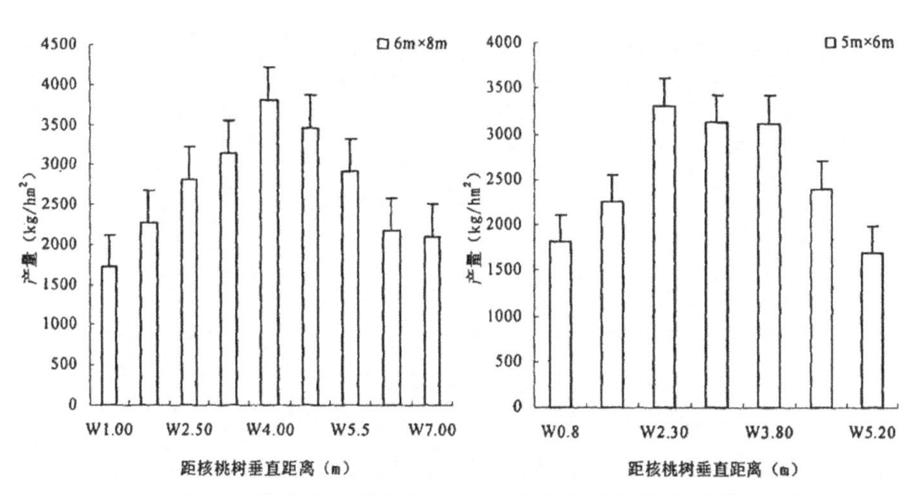

图 9-17　两种间作模式中与核桃树不同距离棉花产量的变化情况(东→西)

在新疆南疆间作条件对 9a 生核桃树进行去除 70%雄花、花期喷施叶面肥、核桃整个生长过程喷施叶面肥，核桃产量提高比例分别为 16.61%、13.99%、10.90%，在去雄的基础上花期喷施叶面肥的处理，核桃产量增加 26.37%。

王世伟在《环塔里木盆地核桃与粮棉间作系统的光环境和根系分布特征研究》一文中研究了不同株行距、不同树龄的核—冬小麦、核—棉间作系统内部核桃与间作物根系在空间分布上的交错重叠程度。

通过对核—冬小麦与核—棉两种不同的间作水平和垂直方向根系空间分布特征的分析(图 9-18 至图 9-38)，核—冬小麦间作系统中，两种作物根系的主要竞争区域为距离两侧树干 175cm 以内的 10～60cm 的土层，其中在 10～40cm 的土层中核桃与冬小麦的根系竞争最为激烈；核—棉间作系统中，两种作物根系的主要竞争区域为距离两侧树干 150cm 以内的 10～60cm 的土层，其中 10～30cm 的土层的竞争最为激烈。

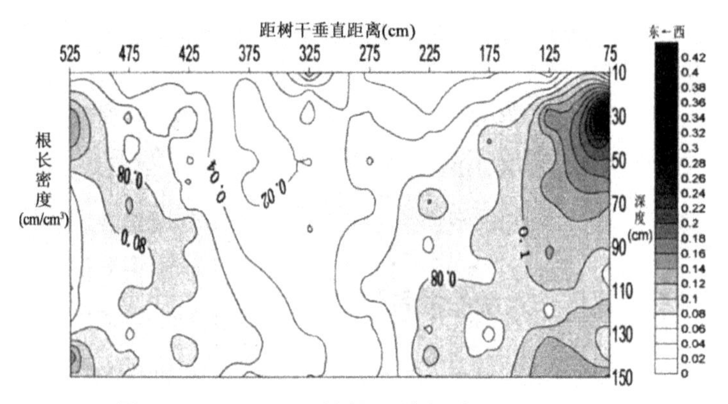

图 9-18 5m×6m 核桃吸收根密度二维分布

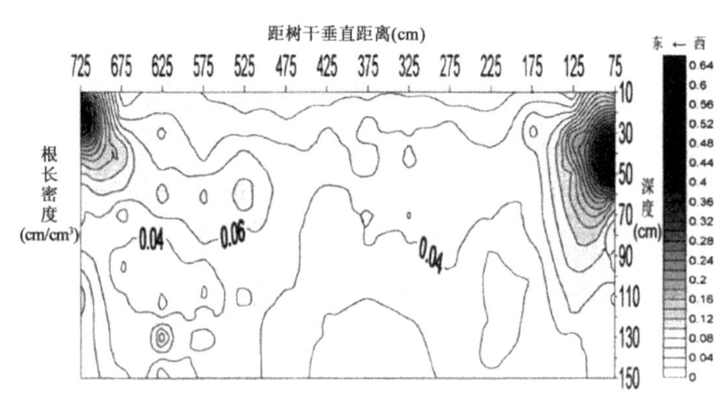

图 9-19 6m×8m 核桃吸收根密度二维分布

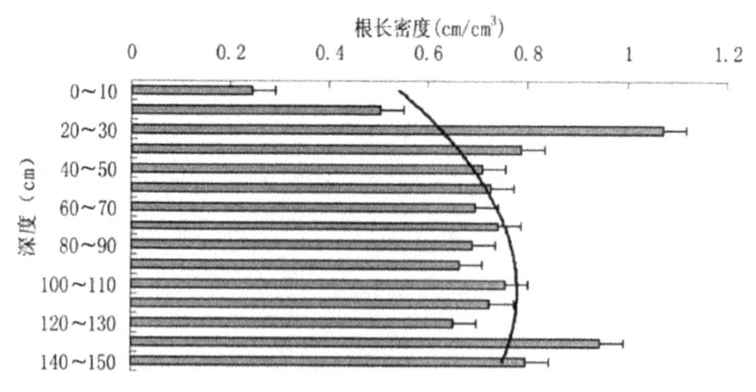

图 9-20 5m×6m 核桃吸收根根长密度垂直分布

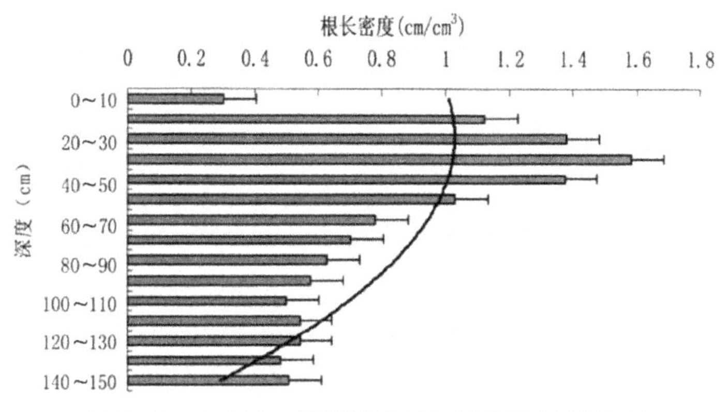

图 9-21　6m×8m 核桃吸收根根长密度垂直分布

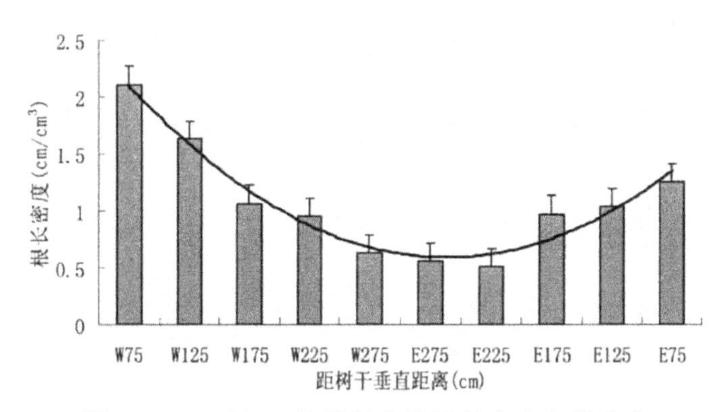

图 9-22　5m×6m 核桃吸收根根长密度水平分布

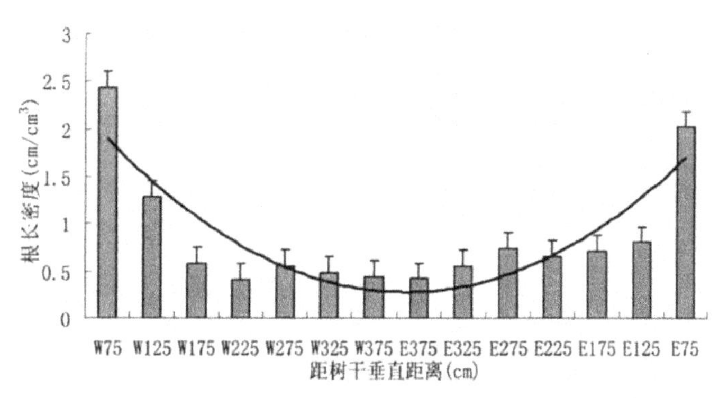

图 9-23　6m×8m 核桃吸收根根长密度水平分布

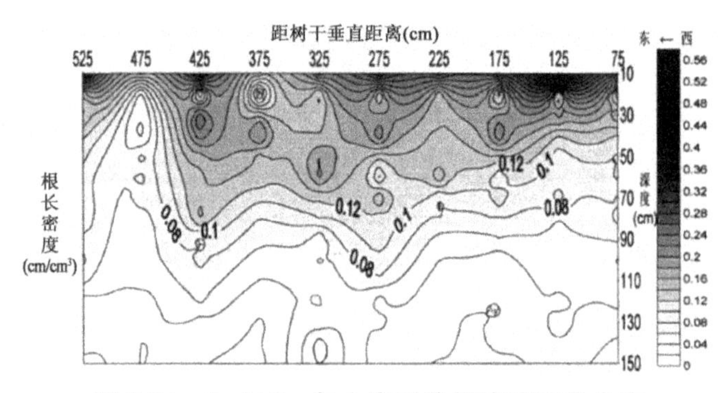

图 9-24　5m×6m 冬小麦吸收根密度二维分布

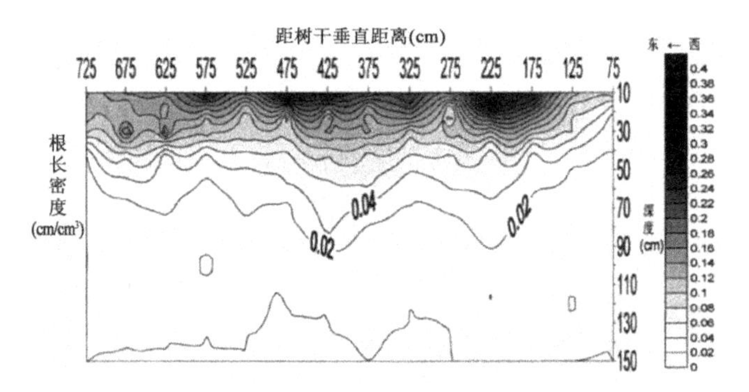

图 9-25　6m×8m 冬小麦吸收根密度二维分布

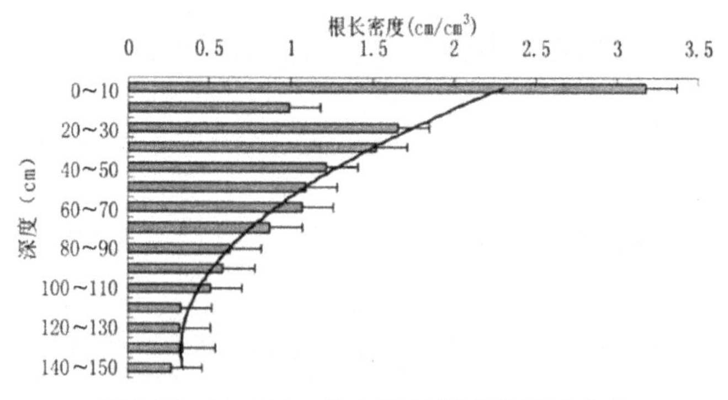

图 9-26　5m×6m 冬小麦根长密度垂直分布

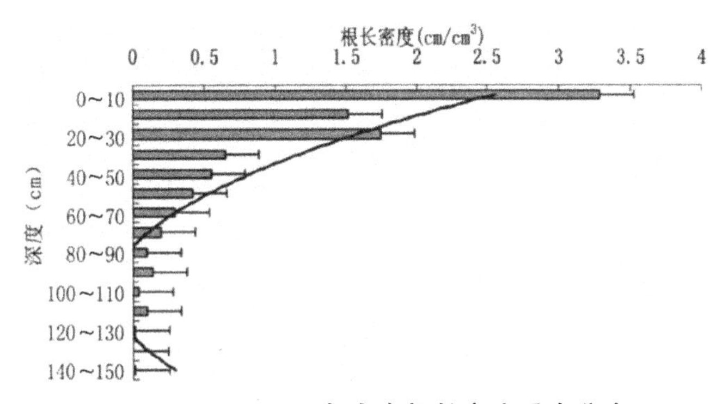

图 9-27 6m×8m 冬小麦根长密度垂直分布

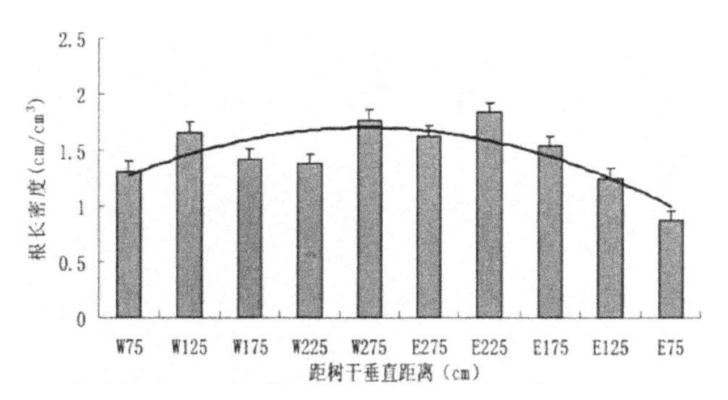

图 9-28 5m×6m 冬小麦根长密度水平分布

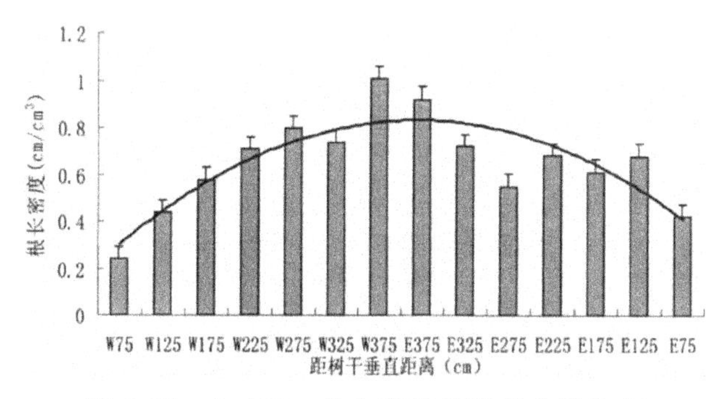

图 9-29 6m×8m 冬小麦根长密度水平分布

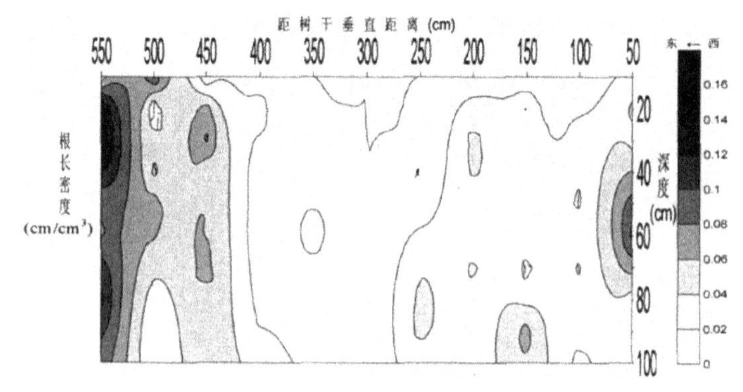

图 9-30　5m×6m 核桃行间吸收根密度二维分布

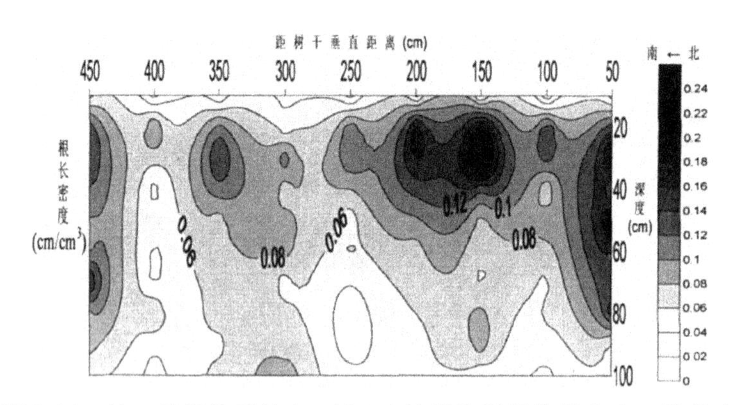

图 9-31　核—棉间作系统(5m×6m)核桃株间吸收根密度二维分布

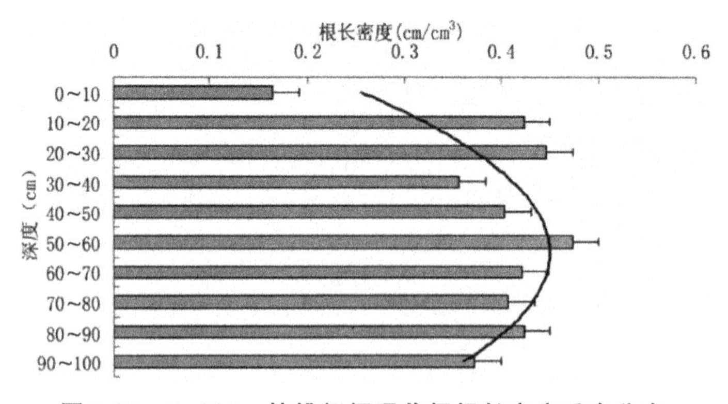

图 9-32　5m×6m 核桃行间吸收根根长密度垂直分布

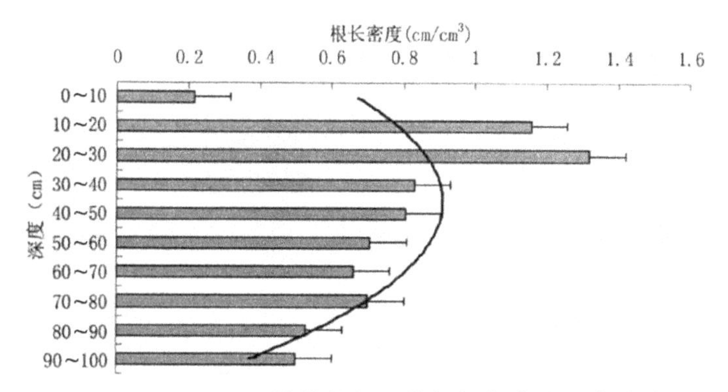

图 9-33 6m×8m 核桃株间吸收根根长密度垂直分布

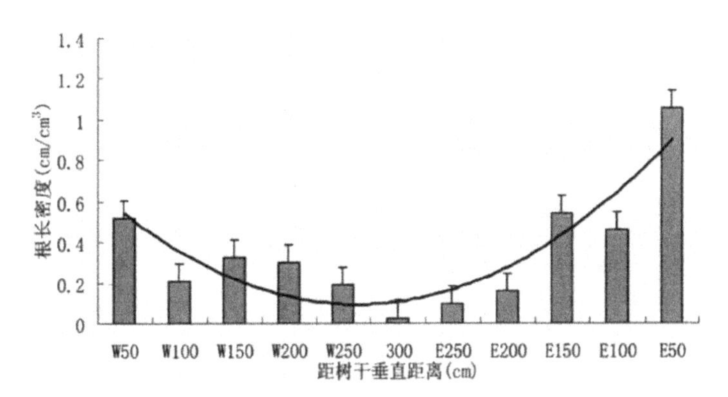

图 9-34 5m×6m 核桃行间吸收根根长密度水平分布

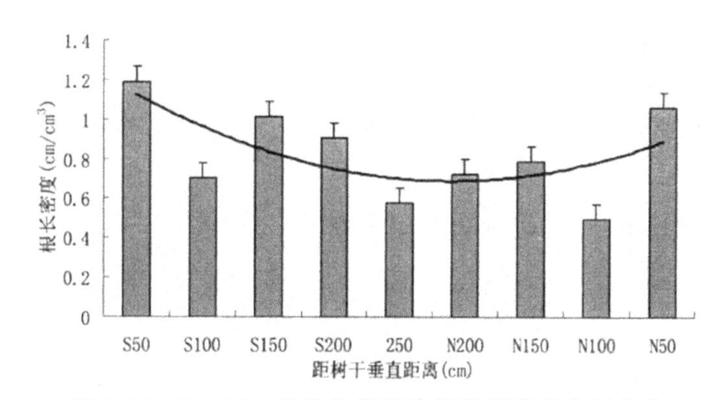

图 9-35 5m×6m 核桃株间吸收根根长密度水平分布

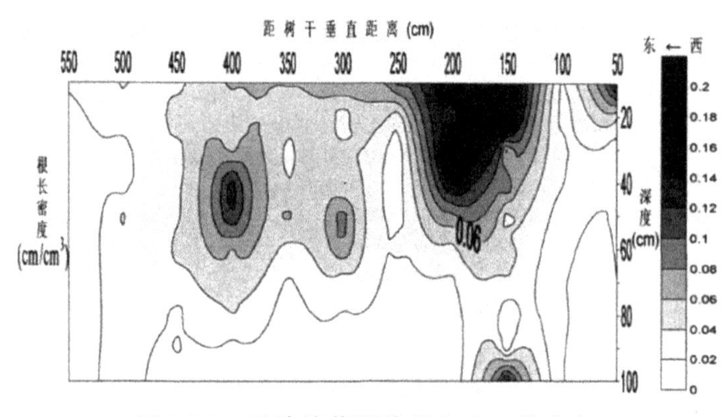

图 9-36 系统棉花吸收根密度二维分布

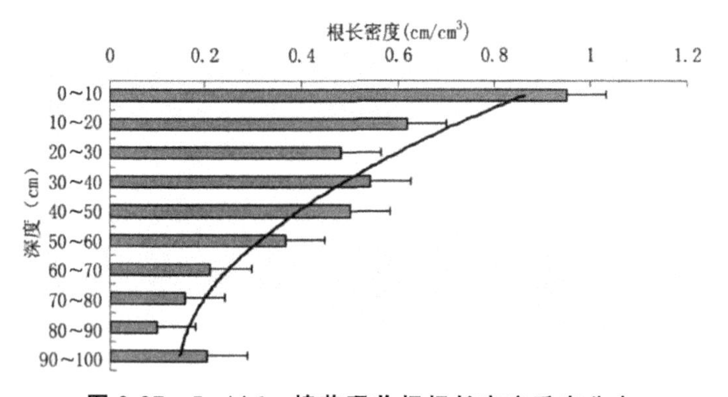

图 9-37 5m×6m 棉花吸收根根长密度垂直分布

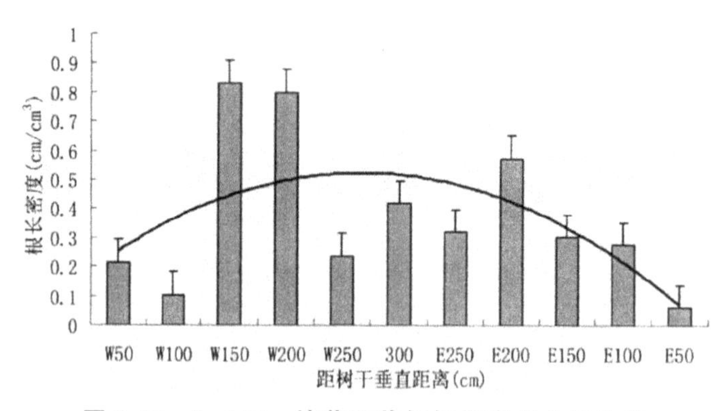

图 9-38 5m×6m 棉花吸收根根长密度水平分布

邱梅对黄土坡地核桃林不同间作模式的酶活性进行了研究(图9-39～图9-46)。研究结果表明：

不论是核—大豆间作，还是核—玉米间作，0～60cm 土壤层中酶(脲酶、蔗糖酶、磷酸酶、过氧化氢酶)活性平均水平总体含量相差较大，同种间作模式覆膜比不覆膜的差异更大，但无论覆膜还是不覆膜，间作模式下的酶活性都高于核桃单种下的酶活性。

酶活性空间分布差异很显著，不同间作模式下，酶活性随土层加深逐渐降低。

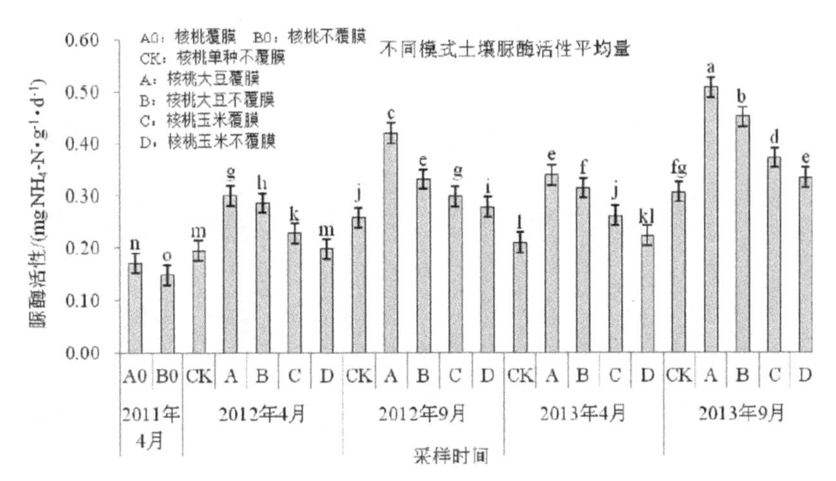

图 9-39 不同间作模式下 0～60cm 土壤脲酶活性和差异性检验

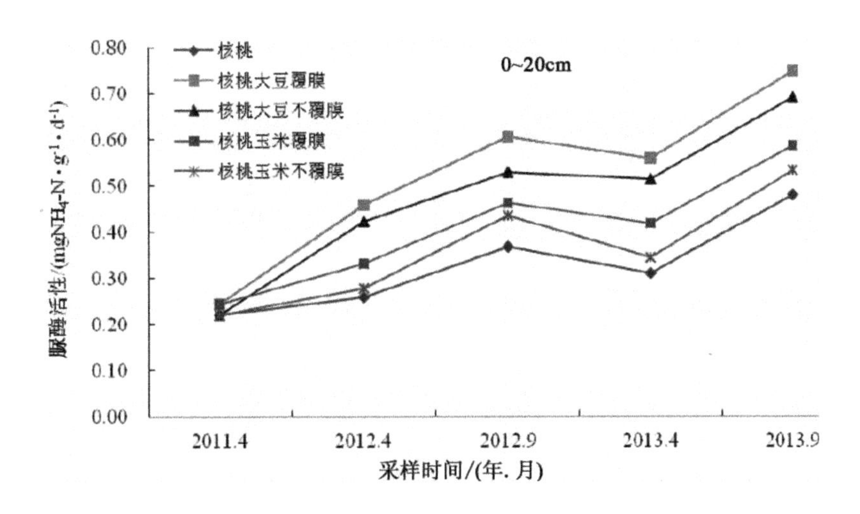

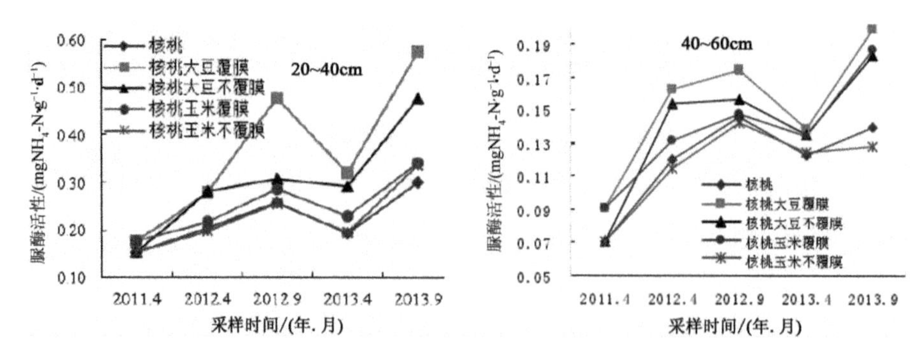

图 9-40　各层土壤脲酶活性随时间变化情况

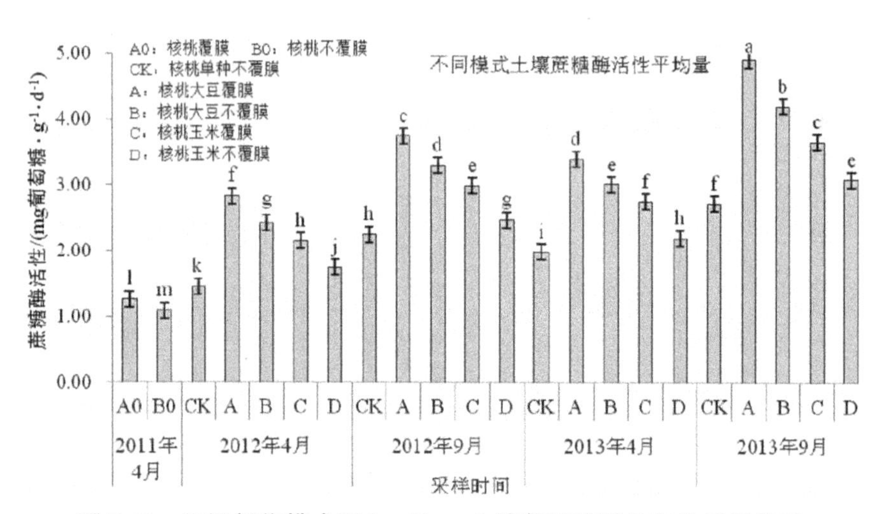

图 9-41　不同间作模式下 0～60cm 土壤蔗糖酶活性和差异性检验

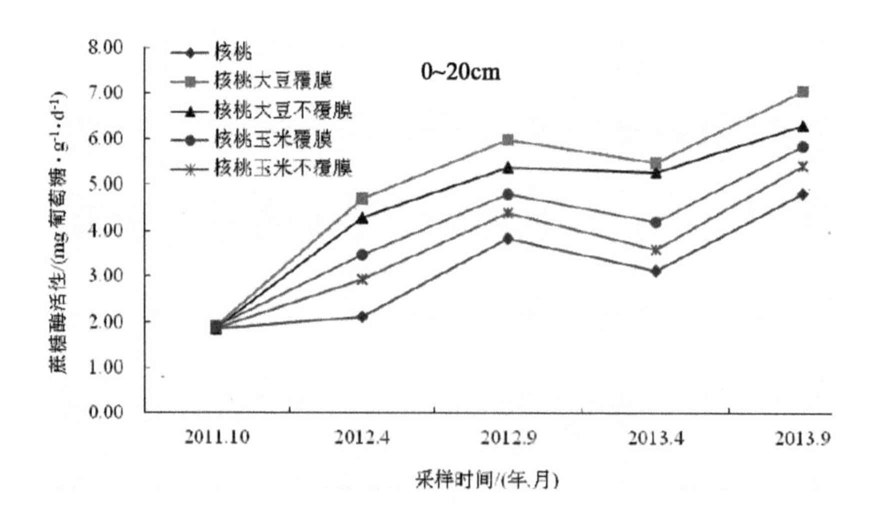

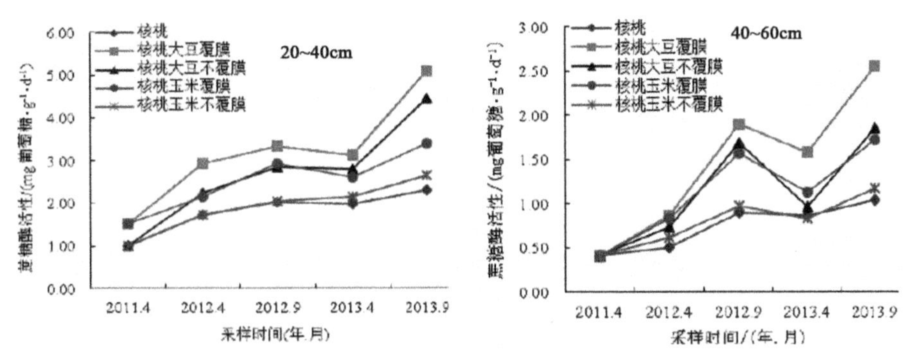

图 9-42　各层土壤蔗糖酶活性量随时间变化情况

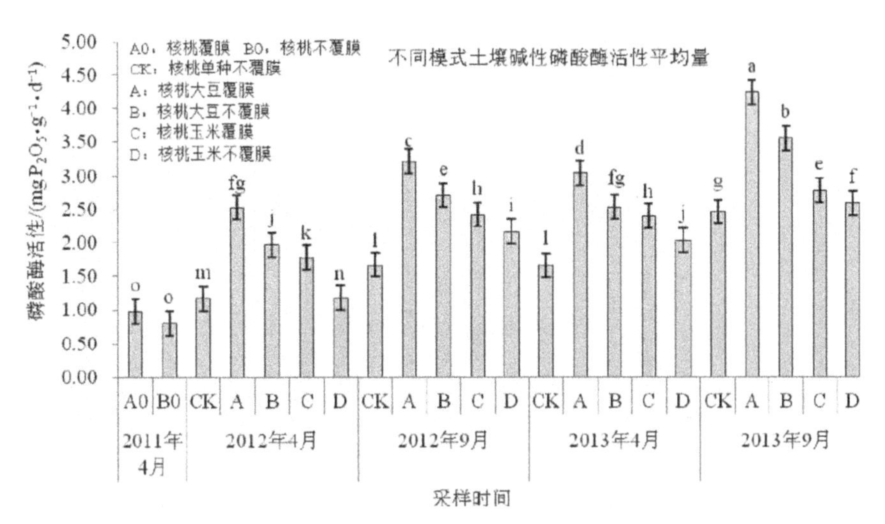

图 9-43　不同间作模式下 0～60cm 土壤磷酸酶活性和差异性检验

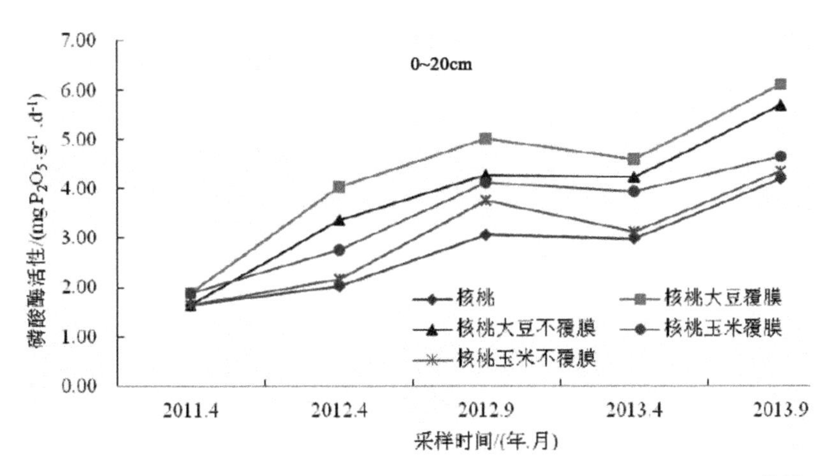

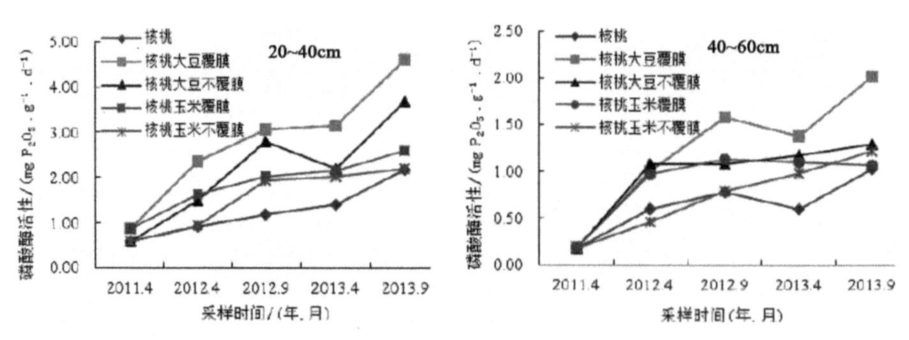

图 9-44　各层土壤磷酸酶活性随时间变化情况

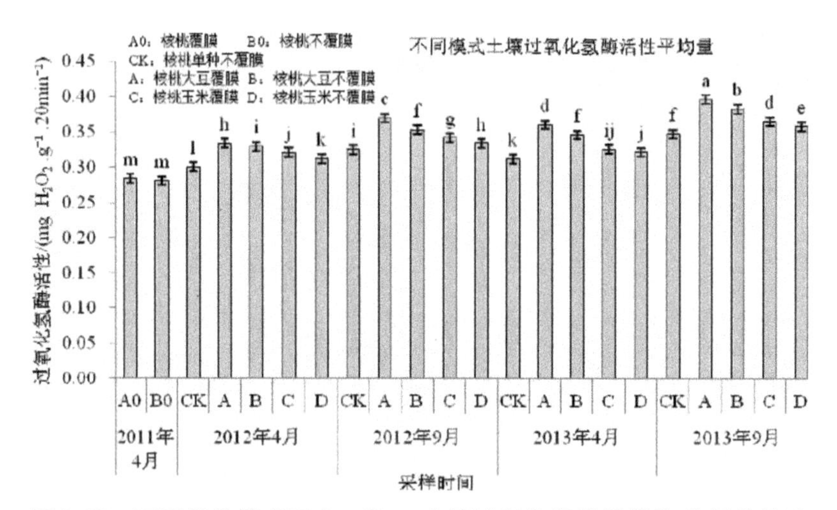

图 9-45　不同间作模式下 0～60cm 土壤过氧化氢酶活性和差异性检验

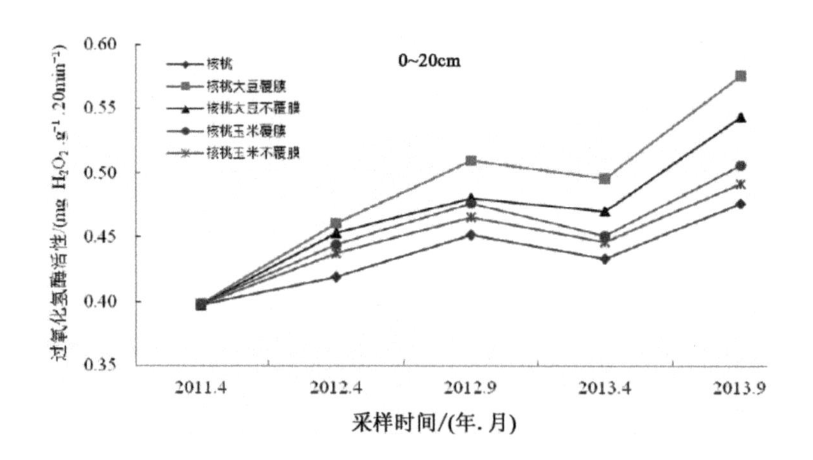

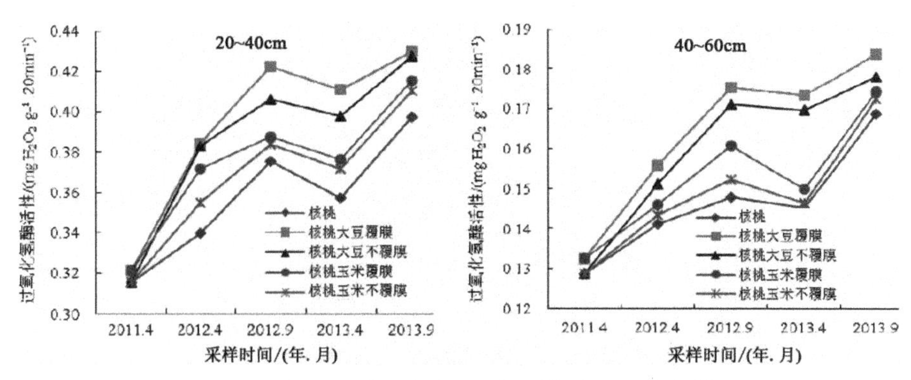

图 9-46 各层土壤过氧化氢酶活性随时间变化情况

同种模式不同季节酶活性差异显著，比较结果为：间作第二年收获前>第一年收获前>第二年种植期>第一年种植期>核桃单种不间作期。

郑秋芬在《南疆三地州粮棉果间作经济效益评价》一文中对新疆南疆三地州粮不同粮棉果的间作模式进行了经济效益分析。最终的评价结果为：果树在幼树期时，核桃—小麦—玉米>核桃—棉花；盛果期时，核桃—小麦>核桃—玉米>核桃—小麦—玉米>核桃—棉花>核桃—小麦—黄豆。

二、核桃+茶叶

在土壤深厚、肥沃、排水良好的薄壳山核桃新造林地及幼林地套种灌木型常绿树种茶树(图 9-47)，一方面可以四季为薄壳山核桃林地增加绿色；另一方面也有一定的经济效益。当前，在一些茶叶主产区，为改变单一经营模式现状，也可在茶叶地中零星种植薄壳山核桃(图 9-48)，可在 2.0～2.5m 的高度进行定干，既不影响茶叶采收，又可培育薄壳山核桃果材兼用林。

图 9-47　核桃十茶叶

图 9-48　茶园中零星种植薄壳山核桃

三、核桃十药用植物

(一)核桃—木本金银花

在核桃幼林中也可间作套种金银花等中药材,也可在郁闭的林分下搭建大棚种植铁皮石斛等(图 9-49,图 9-50),既增加早期经济收入,克服了核桃前期有投入无产出及结果初期投入多产出少的不足,又能通过中耕、施肥及植物残体降解转化起到改良林地土壤的作用。

图 9-49　核桃＋金银花

图 9-50　核桃＋铁皮石斛

1. 生态适应性

木本金银花为多年生藤木缠绕金银花的大毛花和鸡爪花的

杂交种，其种植简单、易栽、易活、易管理，栽植当年可获得效益。木本金银花的适应性很强，各地均可种植，较耐涝、耐旱、耐寒、耐盐碱，在果林间种植生长旺盛、枝繁叶茂，是果园间作套种的好药材。

2. 应用效果

金银花为名贵中药材之一，用途广泛，市场需求量大，货源供不应求。种植效益 3 年可达产。

3. 间作木本金银花种植技术

木本金银花为多年生木本植物，树高 1～2m，花期 4—10 月，花黄白相间，花大、叶小，叶花均可入药和食用。根系发达，耐贫瘠。

(1)定植

一般春秋两季定植。株行距 1.5m×2.0m，每亩可种植 222 株。

(2)田间管理

①土壤管理：应保持土壤疏松，春季和秋冬应及时松土和培土。

②肥水管理：施足基肥，在苗期、花期及时追施化肥和有机肥，每次采花后每花丛施堆肥或人畜粪尿 15～20kg。

③整形修剪：树形采用自然圆头形，修剪时考虑尽可能让其增加有效开花面积，每次采摘完毕都须进行枝剪。修剪的原则是剪长留短，剪细留粗，剪弱留壮，要求中间高，四周低，树冠呈伞字状，有利通风透光和采摘。

④病虫害防治：主要防治蚜虫。可用 2.5％功夫，10％吡虫啉或 90％敌百虫晶体加水喷雾防治。

(3)采收加工

在花蕾基部呈现绿白色，顶端呈现白色，饱满而尚未开放时采摘最好。此时金银花色泽好，药用价值高。采摘后均匀晾晒，八成干后进行翻动，晒干后装袋密封保存。

（二）核桃—丹参

随着核桃树树冠的扩大及产量的增加，田间的经济效益逐步转移到主体作物核桃树上来，但核桃树行间仍然还有可以利用的空间，还可以进行间作套种。对于药用植物，在核桃园行间可种植喜阴多年生药材，充分发挥主体作物和间作物的经济效益，增加核桃园整体收益。

1.生态适应性

丹参为唇形科鼠尾草属植物，多年生，除高寒地区外，各地均有分布。其根供药用，喜气候温暖、湿润、阳光充足的环境，在年平均气温17℃、相对湿度77%的条件下生长较好，冬季气温在−5℃以下时，茎叶受冻害。丹参为深根性植物，在排水较好的沙质土壤中生长良好。由于丹参不与果树争营养，也不需要太精细的田间管理。

2.应用效果

丹参抗病、耐寒性好，适应广，而且药用价值高，市场前景好。一般亩产丹参干货200～250kg，高产田可达300～400kg，折干率30%。

3.间作丹参种植技术

(1)选地整地

选择光照充足、排水良好砂质壤土。地块深翻30～40cm，亩施腐熟的农家肥5000kg，过磷酸钙50kg或磷酸二铵20kg。将土块耙细整平，作高15～20cm的畦。地块周围挖排水沟，使其旱能浇、涝能排。

(2)良种选择和移栽

注意选用优良品种。品种春播后，幼苗培育75d左右即可移栽，春栽于 5 月中旬，秋栽于 10 月下旬进行。栽种时，在畦面上按株行距 23cm×33cm 挖穴，穴底施入适量粪肥作基肥，与穴土拌均匀后，每穴栽入种子繁殖的幼苗 1～2 株，栽后浇透定根水。

(3)田间管理

①中耕、除草、追肥：4 月上旬齐苗后，进行 1 次中耕除草后追施稀薄人畜粪水，每亩 1500kg，5 月上旬至 6 月上旬，再追施 1 次腐熟人粪尿，每亩 2000kg，加饼肥 50kg；第 3 次于 6 月下旬至 7 月中下旬，结合中耕除草，重施 1 次腐熟、稍浓的粪肥，每亩 3000kg，加过磷酸钙 25kg、饼肥 50kg。采用沟施或开穴施入，施后覆土盖肥。

②除花薹：丹参 4 月下旬开始陆续抽薹开花，应剪除花薹，使养分集中于根部生长。

③水肥管理：雨季及时清沟排水，遇干旱及时进行沟灌或浇水。

(4)病虫害防治

叶斑病：发病初期，70%代森锰锌 800 倍液，或 50%多菌灵 800 倍液喷洒。根腐病：发病初期，喷 50%托布津 800～1000 倍液。

(5)采收加工

种子繁殖的丹参第 2 年秋后或第 3 年春季萌发前收刨，选晴天土壤半干时挖取。在阳光下晒至半干，集中堆闷“发汗”，4～5d 后，再晾堆 1～2d。然后晒至全干，再用火燎去根条上的细须根，即成成品，用麻袋或筐包装，贮于干燥通风处，防霉防蛀。

四、核桃＋蔬菜(庭院模式)

薄壳山核桃树干通直，树形高大，树势挺拔，是深受欢迎的观赏、遮阴和行道树种，可用于村庄周边及房前屋后绿化等。在房前屋后空地种植 3～5 棵核桃，不仅可起到绿化、观赏的作用，夏日还能遮阴，林下空地还可以种植蔬菜(图 9-51，图 9-52)。

图 9-51　核桃庭院种植

图 9-52　核桃＋蔬菜

五、核桃＋林下养殖

核桃可在林地里播种白三叶、黑麦草等牧草，然后在核桃林里养鸡(图 9-53)。牧草不仅可以缓解水土流失,又是养鸡的最佳“饲料”,鸡粪又可以作为有机肥,提高核桃产量与品质。

图 9-53 核桃林下养殖

(一)核桃园套养鸡

1. 核桃园选择

用于养鸡的核桃园最好远离人口密集区、畜禽交易场、屠宰场、加工厂以及化工厂、垃圾处理场,核桃园要求地势平坦或缓坡地,易防兽害和传染病,园内要有清洁、充足的水源,以满足鸡饮水需要。必须注意的是,鸡性情活泼,喜欢飞跃树木枝头,为不影响果树生长发育,不宜选择处于幼龄期的核桃园,树形矮小的矮化核桃园也不宜养鸡。

2. 核桃园放养设施及鸡舍

在核桃园周边要有隔离设施,防止鸡到核桃园以外活动而丢失,围栏高度一般 1.5m 左右。选择地势较高且干燥的地方搭建鸡舍。鸡舍高度为 2.5～3.0m,四周设置栖架,方便夜间栖高休息。需要注意的是,要在核桃园内分散设置饮水器具。

3. 鸡种的选择

若肉蛋两用鸡可选年产蛋130～200个、耐粗饲、活动范围广、觅食力强、抗病力好、个体中偏小、肉质细嫩味美的优质本地鸡品种。若以肉用为主，宜选个体中偏大的地方改良品种，如三黄鸡、麻鸡等。爱拔益加、艾维茵、哈伯德肉鸡等体大型鸡不适宜核桃园养殖。鸡苗选择应健康活泼，并已接种马立克氏疫苗的。

4. 养殖密度和放养时间

核桃园放养密度为200～300只/亩。新进的鸡苗应在舍内饲养20～30d，只有鸡群适应了核桃园的环境条件之后才能放养，放养要注意气候条件。核桃树喷洒农药时，最好不要放养，或实行区域轮换喷洒农药，喷过农药后7d才可以放养。如遇大雨，一般要停止放养，雨停后5d再开始放养。出栏前15d实行关养补饲。

5. 消毒

鸡舍消毒每周1～2次。鸡出栏后，要对所有器具和鸡舍进行全面消毒。

核桃园养鸡还要重视核桃园场地的消毒工作。外围环境消毒每月至少2次。核桃园养鸡3年后应换场地，以便给核桃园场地一个自然净化的时间。

6. 补料

应适当补喂一些以玉米、谷物、豆粕为主的饲料，投料采用循序渐进的方法。为了保障鸡群的正常生长发育，可适当添加必要的钙、磷等微量元素和复合维生素。

7. 疾病防治

在鸡1日龄时，颈部皮下注射马立克疫苗；7日龄时，用新、支二联弱毒苗点眼、滴鼻，同时每只颈部皮下注射新一法一支灭活油苗 0.3mL;14 日龄法氏囊低毒力活疫苗双倍量饮水;21 日龄新、支二联冻干苗双倍量饮水;28 日龄法氏囊中等毒力活疫苗双倍量饮水;30 日龄禽流感多价油乳剂灭活苗颈部皮注射 0.3mL/只。平时一定要注意观察,一旦发现鸡有异常情况,要马上采取相应的措施。

啄羽、啄肛是鸡的常发症,最有效的预防方法是在 6～7 日龄进行断喙,上喙断 1/2,下喙断 1/3,断喙前 3 天饮水中加入维生素,以防出血和应激反应。

8.兽害防治

核桃园养鸡的整个饲养期都应防止老鹰、黄鼠狼、野狗、山獾、狐狸、鹰、鼠、蛇等兽害,尤其是大鸡损失较大。可在离地面 3 米处张挂捕鱼网罩围栏,网下养鸡,若遇鹰害,鹰爪会被渔网缠绕而不能逃脱或受惊而逃。核桃园中养狗看守,平时要加强检查,发现问题要及时采取措施,以免造成不必要的损失。

(二)核桃园套养羊

1.规模

一只成年羊,每天能吃 2kg 以上的青草,核桃园养羊的规模主要是根据核桃园的牧草量来确定,一般来说每亩可饲养 10～15 只羊。

2.牧草种植技术

(1)牧草种类的选择

不同的牧草对环境的要求不同,即使同一种牧草,品种不同,对环境的要求也有一定的区别,因此,各地应根据当地的气候特点,选择相适应的牧草品种。牧草种类以豆科作物为主。常用的有黑麦草、紫花苜蓿、白三叶、红三叶、沙打旺、圆叶决明、羽叶决明和罗顿豆等。

(2)适时播种

尽量在非高温和雨季或雨季来临的季节,选择阳坡地种植牧草作物,以避免高温、干旱、光照不足的不良影响。

(3)搭配种植

种植牧草,要依据饲养肉羊的种类和数量,按照长短结合、周年合理供应的原则选择牧草品种。根据不同季节和牧草品种生长特点进行合理搭配或混播,以确保全年各月份牧草的总量供应能满足畜禽的需要。

(4)适时收割

饲养羊的牧草收割时间的确定应考虑产量、质量。如黑麦草最佳收割时间为抽穗期至乳熟期,大麦为孕穗期,燕麦为孕穗至抽穗始期,豌豆和黑豆为开花至结荚始期,玉米为乳熟至蜡熟期,苜蓿为开花始期。收获太晚,牧草作物茎秆老化,养分下降,适口性变差。

(5)不同树龄期核桃园的种草养羊模式

①幼龄核桃园套种紫花苜蓿。紫花苜蓿植株较大,而幼龄核桃园果树覆盖面积小,能适应苜蓿生长。紫花苜蓿播种适宜期为3—9月,以8月最佳,播种量为每亩0.6～0.7kg(按核桃园面积计算)。采用条播,行距50cm。最适宜的刈割时期是初花期,每年可刈割4～6次,留茬高度4～16cm,两次刈割间隔35～42d。

②初果期核桃园套种白三叶。白三叶为匍匐茎,植株矮小,耐阴性强。采用条播,行距30cm,播种期为春播3月上中旬,秋播9月中下旬,播种量为每亩0.3kg(按核桃园面积计算)。初花期刈割,春播者当年可刈割2次。秋播者第2年可刈割3～4次,留茬高度不低于5cm。

③盛果期核桃园套种白三叶和黑麦草。黑麦草植株较粗大,叶阔而长,黑麦草与白三叶混种可以增产增收,混合饲喂,还可防止羊臌气病的发生。两种牧草均采用条播,同时间行播种白三叶和黑麦草,两种草之间行距15cm。播种期以9月为宜。播种量为白三叶每亩0.2kg,黑麦草每亩0.6kg(均按核桃园面积折算)。

黑麦草刈割抽穗时最佳，每年可刈割 3～4 次，刈割时留茬不低于 5cm。

3. 科学饲养管理

核桃园种草养羊可以舍养，也可以放养。

(1)核桃园放养

在核桃园放羊时，要注意清除核桃园毒草，如野生蓖麻、蒺藜秧等。野生蓖麻果实中含有一种剧毒的蛋白质，这种毒素可以抑制麻痹心血管和呼吸中枢，损伤肝、肾等器官，羊误食就会出现轻者昏厥，重者死亡。而羊误食蒺藜秧就会出现心跳加快、全身水肿，重者危及生命。

核桃园放羊时应在露水未干前暂缓放牧，因为羊吃了露水草以后，一是最容易引起瘤胃臌气；二是露水中还容易寄生一种叫羊捻转血矛线虫的寄生虫，感染这种寄生虫的羊，首先表现为贫血、瘦弱、食欲减退、行走缓慢，甚至于卧地不起，最后发展到心力衰竭死亡。

为防止羊啃吃果树的幼梢嫩叶，可将羊颈与后脚用绳连接起来，绳的长度以羊能正常活动但又啃不到果树上部的枝叶为宜。

(2)鲜草舍饲

苜蓿、白三叶、黑麦草均是耐牧饲草，放牧或刈割青饲均可，但开花前的苜蓿喂羊易引起臌气病，而白三叶喂量超过总草量的40%也会发生臌气病。为防止臌气病的发生，苜蓿或白三叶最好与黑麦草混合饲喂，且注意比例应低于黑麦草。

饲草饲料多品种合理搭配，保证均衡供给。为了保障羊的正常生长发育，要适当地补充混合精料和矿物质。喂食要讲究方式方法，要定时定量，分餐投喂。

(3)定期做好免疫注射、消毒卫生

每年 3 月和 9 月，各注射 1 次口蹄疫疫苗，大、小羊一律肌肉注射 1mL/只；各注射 1 次山羊三联四防疫苗，大、小羊一律皮下或肌肉注射 5mL/只；每年注射 1 次传染性胸膜肺炎菌苗。6 月龄以下皮下或肌肉注射 3mL/只，6 月龄以上 5mL/只。每天清扫羊舍，清洗料槽、水槽，每周对料槽、水槽冲洗消毒 1 次，每季对羊舍地面、运动场、水沟等进行消毒，每年春、秋季各进行 1 轮驱虫，每年春、秋各进行 1 次药浴。

参考文献

[1]梁臣,张兴.核桃高效栽培技术[M].北京:金盾出版社,2014.

[2]庄灿然.辣椒间作套种栽培[M].北京:金盾出版社,2007.

[3]王天元,王昭新.核桃高效栽培[M].北京:机械工业出版社,2014.

[4]李建中.核桃栽培新技术[M].郑州:河南科学技术出版社,2009.

[5]张爱民.核桃标准化生产[M].北京:中国农业科学技术出版社,2011.

[6]郗荣庭,张志华.中国麻核桃[M].北京:中国农业出版社,2013.

[7]高本旺.核桃种植新技术[M].武汉:湖北科学技术出版社,2011.

[8]李保国,齐国辉.核桃优良品种及无公害栽培技术[M].北京:中国农业出版社,2008.

[9]梅立新,杨卫昌,刘林强.早实核桃栽培新技术[M].西安:陕西科学技术出版社,2010.

[10]张美勇.核桃安全生产技术指南[M].北京:中国农业出版社,2012.

[11]李保国.优质苹果核桃种植技术[M].石家庄:河北科学技术出版社,2013.

[12]陈敬谊.核桃优质丰产栽培实用技术[M].北京:化学工

业出版社，2016.

[13]蒋迎春.一地多种果树高效种养模式[M].武汉：湖北科学技术出版社，2011.

[14]张美勇.核桃高效栽培10项关键技术[M].北京：金盾出版社，2014.

[15]郗荣庭，张毅萍.中国果树志：核桃卷[M].北京：中国林业出版社，1996.

[16]张志华，王红霞，赵书岗.核桃安全优质高效生产配套技术[M].北京：中国农业出版社，2009.

[17]常君，姚小华.薄壳山核桃丰产栽培与加工利用[M].北京：金盾出版社，2013.

[18]张毅萍，朱丽华.核桃高产栽培[M].北京：金盾出版社，2005.

[19]张天勇.核桃腐烂病发生规律及防治技术[J].陕西省林业科技，2012(3).

[20]董凤祥，王贵禧.美国薄壳山核桃引种及栽培技术[M].北京：金盾出版社，2003.

[21]郑世发，黄燕文.蔬菜间作套种新技术[M].北京：金盾出版社，2010.

[22]张和义.蔬菜间作套种新技术[M].北京：金盾出版社，2009.

[23]张美勇.核桃高效栽培[M].济南：山东科学技术出版社，2015.

[24]任成忠.中国核桃栽培新技术[J].北京：中国农业科学技术出版社，2013.

[25]农业部农民科技教育培训中心，中央农业广播电视学校.核桃栽培关键技术手册[M].北京：中国农业大学出版社，2008.

[26]唐世裔，杨逸廷.板栗核桃高产优质栽培新技术[M].长沙：湖南科学技术出版社，2014.

[27]王贵.核桃丰产栽培实用技术[M].北京:中国林业出版社,2010.

[28]张美勇.核桃高效栽培专家答疑[M].济南:山东科学技术出版社,2013.

[29]曹尚银.优质核桃规模化栽培技术[M].北京:金盾出版社,2010.

[30]惠存虎.良种核桃丰产栽培技术[M].咸阳:西北农林科技大学出版社,2010.

[31]刘全.优质核桃丰产栽培新技术[M].北京:中国农业科学技术出版社,2015.

[32]王江柱,王文江.核桃、柿、板栗高效栽培与病虫害看图防治[M].北京:化学工业出版社,2011.

[33]郑秋芬.南疆三地州粮棉果间作经济效益评价[D].乌鲁木齐:新疆农业大学,2015.

[34]黄学芹.核(桃)农间作系统栽植管理技术模式的研究[D].乌鲁木齐:新疆农业大学,2011.

[35]王世伟.环塔里木盆地核桃与粮棉间作系统的光环境和根系分布特征研究[D].乌鲁木齐:新疆农业大学,2010.

[36]邱梅.黄土坡地核桃林不同间作模式土壤养分及酶活性研究[D].西安:西北农林科技大学,2014.

[37]王年金,方建华,向新年.山核桃复合经营模式及栽培技术[J].现代农业科技,2011(18):159-161.